MOJ ANG STUDIOS

マイクラで楽しく理数系センスを身につける！

MINECRAFT

マインクラフト 公式ドリル

さんすう

［計算・図形・統計］

【監修】夏坂哲志（筑波大学附属小学校 副校長）

ステップ
4
9〜10才におすすめ

小学館

はじめに

保護者の方へ

この本の使い方

ようこそ、マインクラフトの数の世界へ！
本書では、マインクラフトの
すばらしい世界を冒険しながら、
算数の力を向上させることができます。
この算数ドリルは、
9〜10才のお子さま推奨となっています。
冒険を進めながら問題を解くと、
エメラルドを入手できます。
手に入れたエメラルド 🟢 は、
最後のページで好きなアイテムと
交換することができます！
少し難しい問題にはハート ❤️ が
ついていますので、必要に応じて
お子さまのサポートをしてあげてください。
答えは巻末をご覧ください。

主人公の紹介

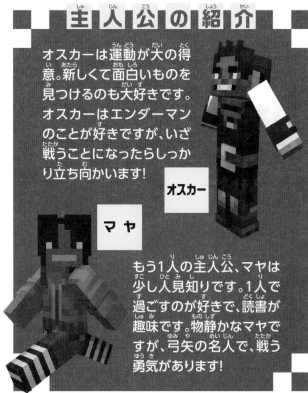

オスカーは運動が大の得意。新しくて面白いものを見つけるのも大好きです。オスカーはエンダーマンのことが好きですが、いざ戦うことになったらしっかり立ち向かいます！

オスカー

マヤ

もう1人の主人公、マヤは少し人見知りです。1人で過ごすのが好きで、読書が趣味です。物静かなマヤですが、弓矢の名人で、戦う勇気があります！

※本書はイギリスの原書をもとにした翻訳本です。イギリスの算数のカリキュラムに基づいていますので日本の9〜10才のカリキュラムでは習わない範囲の問題が出てくる場合がありますが、その際は適宜お子さまのサポートをお願いします。どうしても難しい問題の場合には、飛ばして先に進んでいただいて問題ございません。

MOJANG STUDIOS

Original English language edition first published in 2021 under MINECRAFT MATHS AGES 8-9:Official Workbook by HarperCollins Publishers Limited, 1 London Bridge Street, London SE1 9GF, United Kingdom and 103 Westerhill Road, Bishopbriggs, Glasgow G64 2QT United Kingdom.
© 2021 Mojang AB.
All Rights Reserved. Minecraft, the Minecraft logo, the Mojang Studios logo and the Creeper logo are the trademarks of the Microsoft group of companies.
Japanese language translation © 2023 Mojang AB.
Japanese translation published by arrangement with HarperCollins Publishers Limited through The English Agency (Japan) Ltd.

ステップ **4** 9・10才におすすめ

MINECRAFT
マインクラフト 公式ドリル
さんすう
[計算・図形・統計]

2023年12月25日　初版第1刷発行

【監修】夏坂哲志（筑波大学附属小学校副校長）

発行人／野村敦司
発行所／株式会社　小学館
〒101-8001　東京都千代田区一ツ橋2-3-1
編集：03-3230-5432　販売：03-5281-3555

印刷所／TOPPAN株式会社
製本所／株式会社　若林製本工場

[日本語版制作]
翻訳／Entalize
DTP／株式会社　昭和ブライト
デザイン／安斎 秀（ベイブリッジ・スタジオ）

制作／浦城朋子
販売／福島真実
宣伝／鈴木里彩
編集／飯塚洋介

目次

数と番号

ナゾめいた邪悪な村人たち

暗い森では、昼間でもたくさんのモンスターが現れます。よく見てみると、大きな屋敷の屋根が森の木の上にそびえ立っているのが見えます。屋敷にはたくさんの部屋があります。近くを通ると、中で暮らしている邪悪な村人たちの妙な音や叫び声が聞こえてきます。屋敷の中で何が起きているのでしょうか。

村人を追いかけるマヤ

噂によると、近くの暗い森林に魔法の宝を持った邪悪な村人が入っていったそうです。マヤはさっそく、調べてみることにしました。邪悪な村人について、多くは知られていません。でも、マヤは屋敷の上の階にある一番大きなドアの奥にヒミツが隠されていると聞いています。

数の規則性

マヤは暗い森林の奥深くにある大きな屋敷を探しに出発しました。
森に入ったマヤは、今いる場所がわかるよう、
木を数えることにします。

次のように並んでいる数字をみて、□に当てはまる数を書きましょう。

a) 50　　150　　250　　□　　450　　□

b) 0　　25　　50　　□　　100　　□

c) 0　　9　　18　　□　　36　　□

d) 0　　6　　□　　□　　24　　30

次の数は、それぞれどんなきまりで並んでいるでしょうか。

a) 14　21　28　35　42　　　きまり：.............................

b) 60　66　72　78　84　　　きまり：.............................

c) 500　475　450　425　400　　　きまり：.............................

d) 108　99　90　81　72　　　きまり：.............................

表の数は、右に進むと6ずつ増えて、下に進むと7ずつ増えます。表に、抜けている数を書きましょう。

6ずつ増える →				
24	30	36	42	48
31		43	49	55
	44	50		62
45	51		63	69

（7ずつ増える ↓）

手に入れた数の
エメラルドを色でぬろう！

5

1000以上の数①

マヤは木々の間を進んでいきます。
一度足を止めて、
木材を集め始めました。
新しい道具が必要に
なるかもしれないからです。
木々はうっそうと生えているため、
マヤはときどきゾンビと
ばったり出会ってしまいます。

1

それぞれの数の、千の位の数字を書きましょう。

a) 6138 ☐

b) 4170 ☐

c) 3106 ☐

2

数字の7がどの位にあるかを、答えましょう。

a) 3217 ....

b) 7408 ....

c) 8713 ....

d) 9071 ....

3

数が書かれた看板が
4つあります。
この4つの看板の数を全部
使って作れる一番大きい数と、
一番小さい数を書きましょう。

6　**9**　**7**　**2**

一番大きい数: ☐　　一番小さい数: ☐

マヤは、こんなに多くの木に囲まれるのは初めてです。
木々が密集しているだけでなく、とても背が高いものもあります。
なんと、巨大なきのこまでありました！
マヤはきのこを採集します。大好きなきのこシチューを作るつもりです！

4

□ にあてはまる ＞、＜、＝ を書きましょう。

a) 9391 □ 9084 b) 3907 □ 3711

c) 8798 □ 8887 d) 3010 □ 3515

5

下の表には、森林で見つけたアイテムが、それぞれいくつあるか書かれています。
一番小さい数から大きい数まで順番に表の下の ………… に書きましょう。

アイテム		数
きのこ（茶色）		8023
黒樫の葉っぱ		13667
バラのしげみ		11569
きのこ（赤）		8467
黒樫の丸太		17421

手に入れた数の
エメラルドを色でぬろう！

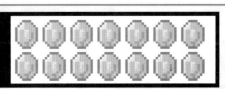

1000以上の数②

マヤが森の中を先に進んでいくと、木々が減っていき、目の前に峡谷が現れました。
見下ろすと、谷底はかなり遠くにあるようです。
巨大な溶岩の池も見えています。
水が溶岩に流れこんでいる場所では、黒曜石ができています。

1

次の並んでいる数をみて、抜けている数字を□に書きましょう。

a) 1250　2250　□　4250　□

b) 3465　□　5465　6465　□

c) 9852　8852　□　6852　□

d) 7648　6648　□　□　3648

マヤは峡谷から落ちないように、谷を渡るための橋を注意深く作っていきます。

2

書かれている数より、1000小さい数を□に書きましょう。

a) 6237　□　　b) 1335　□

c) 4012　□　　d) 5066　□

3

書かれている数より、1000大きい数を□に書きましょう。

a) 4758　□　　b) 8301　□

c) 3437　□　　d) 8576　□

峡谷を無事にわたり終えたマヤは、ほっと胸をなで下ろしました。
木々の向こうに、屋敷の屋根が見えてきました。
マヤは屋敷の近くまで忍び寄って、窓をのぞいてみます。
中にはチェストがあります。たくさんのお宝が入っているかもしれません。

下の表の「最初の数」より、1000大きい数と1000小さい数を考えて、マスを埋めましょう。

1000小さい	最初の数	1000大きい
4950	5950	6950
	3264	
	2621	
7573		
		9482

❤ 邪悪な村人の1人は、
金の延べ棒が入ったチェスト
を4つ持っています。

5537　　　　3687　　　　7494　　　　4872

邪悪な村人はチェストAから金の延べ棒を1000個取り出し、チェストBに入れました。

次に、チェストBから金の延べ棒を100個取り出し、チェストCに入れました。

次に、チェストCから金の延べ棒を1000個取り出し、チェストDに入れました。

最後に、チェストDから金の延べ棒を10個取り出しました。

a)　A～Dのそれぞれのチェストには何個の金の延べ棒が入っていますか?

A:　　　　B:　　　　C:　　　　D:

b)　中に入っている金の延べ棒の数が多い順にチェストを並べ替えましょう。

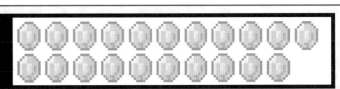

手に入れた数の
エメラルドを色でぬろう!

数の表し方

数を表す方法は色々あります。例：1124 = 1000 + 100 + 20 + 4

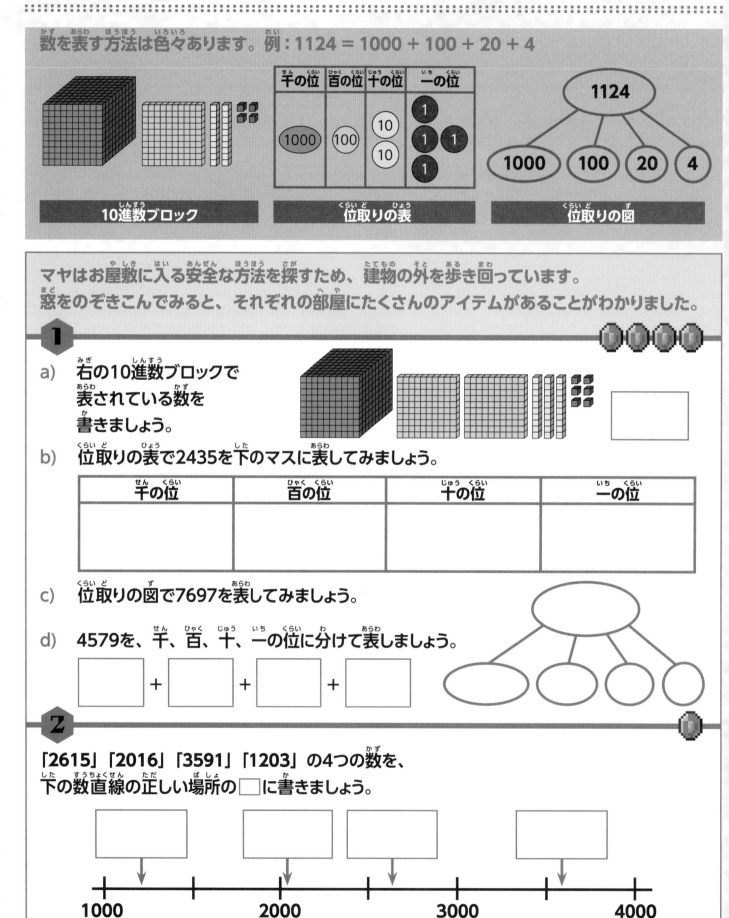

10進数ブロック　　　　位取りの表　　　　位取りの図

マヤはお屋敷に入る安全な方法を探すため、建物の外を歩き回っています。
窓をのぞきこんでみると、それぞれの部屋にたくさんのアイテムがあることがわかりました。

1

a) 右の10進数ブロックで
表されている数を
書きましょう。

b) 位取りの表で2435を下のマスに表してみましょう。

千の位	百の位	十の位	一の位

c) 位取りの図で7697を表してみましょう。

d) 4579を、千、百、十、一の位に分けて表しましょう。

☐ + ☐ + ☐ + ☐

2

「2615」「2016」「3591」「1203」の4つの数を、
下の数直線の正しい場所の☐に書きましょう。

1000　　2000　　3000　　4000

見張りのいない扉を見つけたマヤは、通路に入りました。
何かを唱える声や妙な音が聞こえてくるので、目の前にある階段をかけ上がることにしました。
邪悪な村人たちが下の階で動き回っています。どこかの部屋に隠れなければなりません。
どの部屋にしましょう?
マヤは、上の階の一番大きなドアについての噂を思い出しました。

3

ドアに書かれている数字のよみ方を漢字で書きましょう。

a) **2322**

....

b) **4195**

....

4

次の数を、それぞれ数字で書きましょう。

a) 五千五百七十七

a) 三千六十三

c) 四千四百六

5

♥ 下の数直線をみて、□に当てはまりそうな数を、予想して書きましょう。

0　　　1000　　　2000　　　3000

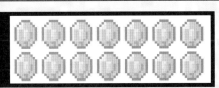

手に入れた数の
エメラルドを色でぬろう!

四捨五入

マヤはドアをいきおいよく開けて、中にかけこみます。
ドアを閉めてから、4つの書見台に本が置かれていることと邪悪な村人がいることに気づきました。
邪悪な村人は金色のトーテムを持っています。

1

ここに4つの書見台があります。

a) それぞれの書見台に書かれた4つの数を、下の数直線の正しい場所の□に書きこみましょう。

b) 数を四捨五入して十の位までのがい数、百の位までのがい数にしましょう。

数	十の位までのがい数	百の位までのがい数
242		
288		
214		
209		

邪悪な村人はまだマヤに気づいていません。ブツブツ言いながら、行ったり来たりしています。
マヤが周りを見てみると、記号がぷかぷか浮かびながら…邪悪な村人の方に向かって行きます！
マヤは部屋の中にエンチャントテーブルがあることに気づいていませんでした。
邪悪な村人はきっと、トーテムをエンチャントしようとしているのでしょう。
いやな予感がします！
マヤは急いで書見台とエンチャントテーブルを壊そうとかけ寄ります。

2

数が4つあります： 6384　　6828　　6782　　6021

a) 上の4つの数を、下の数直線の正しい場所の□に書きこみましょう。

6000 6100 6200 6300 6400 6500 6600 6700 6800 6900 7000

b) 数を四捨五入して十の位、百の位、千の位までのがい数にしましょう。

数	十の位までのがい数	百の位までのがい数	千の位までのがい数
6384			
6828			
6782			
6021			

3

4つの数字がエンチャントテーブルの周りにあります。

4　7　5　3

エンチャントテーブル

4つの数字「4」「5」「3」「7」を使って、四捨五入して
千の位までのがい数にしたときに、5000になる数を8つ作りましょう。

手に入れた数のエメラルドを色でぬろう！

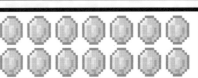

13

負の数

※負の数（「0」を基準として、それより小さい数）は、日本の小学校のカリキュラムでは習いませんので、難しい場合は、飛ばして先に進んでいただいても大丈夫です。

書見台とエンチャントテーブルを壊された
邪悪な村人は、マヤに襲いかかってきました！
邪悪な村人が両腕を上げると、
指から紫色の火花が飛び散り、
床から大きなトゲが飛び出してきます。

マヤはぎりぎりでよけることができました。
相手はただの邪悪な村人ではありません…

エヴォーカーです！

1

次の数直線の□に当てはまる数を書きましょう。

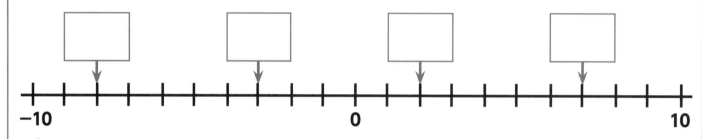

−10　　　　　　　0　　　　　　　10

2

上の数直線を使って、次の計算をすると、
どんな数字になるでしょうか。

a) 4から始まり、逆に7数える　□

b) 8から始まり、逆に10数える　□

c) 3から始まり、逆に4数える　□

d) −2から始まり、逆に2数える　□

3

次の計算をしましょう。

a) 2 − 9 = □　　　b) 6 − 8 = □　　　c) 3 − 7 = □

エヴォーカーはヴェックスを召喚して戦わせようとしています。マヤは攻撃され、ケガをしてしまいました。マヤは急いで透明化のポーションを飲んで、姿を消しました。エヴォーカーは混乱したようでしたが、再び両腕を上げます。部屋の中がどんどん寒くなっていきます。このままでは凍ってしまいそうです！

4

下の温度計の目盛りをみて、□に当てはまる数を書きましょう。

-10 □ 0 5 □ 15 20 □ 30 ℃

5

上の温度計を使って、次のa)からd)の気温を答えましょう。

a) 今の気温は3℃で、そこから8℃下がると…　□℃

b) 今の気温は11℃で、そこから13℃下がると…　□℃

c) 今の気温は15℃で、そこから23℃下がると…　□℃

d) 今の気温は5℃で、そこから10℃下がると…　□℃

6

♥ マヤは攻撃するタイミングを計っています。
エヴォーカーが呪文を唱えている時がチャンスです。

最初の数を14として、7ずつ減らしていった場合、
5つ目の数は何になりますか？　□

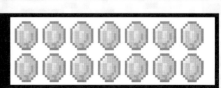

手に入れた数の
エメラルドを色でぬろう！

ローマ数字

※日本のカリキュラムでは習いませんので、難しい場合は
先に進んでいただいても問題ございません。

ローマ数字の表し方：I = 1　V = 5　X = 10　L = 50　C = 100

マヤは全力で戦っています！　回復のポーションを飲みながら、エヴォーカーに
毒のスプラッシュポーションを投げつけました！　剣でエヴォーカーを攻撃します。
エヴォーカーはまだ混乱していて、マヤのことを見つけられずにいます。
もみ合っているうちに、トーテムを落としました！
役に立ちそうなポーションがもう1つあります。マヤは力のポーションを飲み干します。
強くなったマヤに攻撃され、エヴォーカーを倒すことができました。

1

上のローマ数字の表し方と右の例を参考に、　例）XV = 10 + 5 = 15
次のローマ数字を数字に書き直しましょう。

a) LV 　　　　　　b) VI 　　　　　　c) XIII 　　　　　　d) CLII

2

例を参考に、次の数をローマ数字で書きましょう。　　例）23 = 20 + 3 =（10×2）+ 3 = XXIII

a) 31 ....

b) 53 ....

c) 68 ....

d) 15 ....

3

♥ トーテムの背面にはローマ数字が書かれていました。マヤと一緒に次の式を解いて、
答えを数字で書きましょう。

a) 　C + LII + LV =

b) 　C − LXXXII =

c) 　C + LV+ XVIII =

手に入れた数の
エメラルドを色でぬろう！

冒険を終えて…

静かな屋敷

エヴォーカーが消え、屋敷の中は静まり返っています。マヤは、トーテムを持っています。数字を読んでみると、書かれているのは座標でした。ここに行けばお宝があるかもしれませんし、エヴォーカーがトーテムを拾った場所かもしれません。

ポーションの力

マヤはここまで苦戦するとは思っていませんでした！でも、ポーション作りが得意なおかげでなんとかなりました。お屋敷の出口に向かって歩いていくと、床にアイテムが散らばっているのを見つけました。まるで、邪悪な村人が突然姿を消したかのようです。

不死のトーテム

マヤは暗い森林の平和を取り戻しました。村に帰ってきたマヤは、友達のオスカーにトーテムを見せました。オスカーは、それがとても珍しい不死のトーテムであることを教えてくれました。オスカーによると、不死のトーテムを持つ者は一度だけ死から救われるそうです。マヤはトーテムを持ち物にしまいこみました。

足し算、引き算、かけ算、わり算

うろつくハスク

砂漠はさみしい場所です。遠くで誰かが動いているような影が見えたとしても、その正体は迷子のヒーローを食べようとしているハスクです。ハスクは不思議な生き物です。太陽の光に慣れてしまい、日中も狩りができるようになったゾンビなのです。

誰もいないピラミッド

砂漠には、長い間誰も入っていないピラミッドが静かにたたずんでいました。巨大なピラミッドを見つけた幸運なヒーローは、中に隠されている宝物を見つけられるかもしれません。ワナにかからなければの話ですが…。

砂のワナ

砂漠に出かけるときは、食べ物をたくさん持っていかなければなりません。砂漠で見つかる植物は、サボテンと枯れかけの茶色いしげみくらいで食べ物はありません。砂漠で家を作ろうとする人は、ほとんどいません。ここでは穴を掘ることも危険です。砂が崩れて生き埋めになってしまうこともあります。

いざ、砂漠へ

オスカーは荒野の山地に家を建てました。荒野の先には広大な砂漠が広がっています。足元の地面を掘っても金鉱しか採れません。オスカーは飽き飽きして、ラバにまたがって砂漠を探検しに出発します。ラバの鞍には食べ物がたっぷり詰めこんでありま す。洞窟を見つけたオスカーは簡単なキャンプ地を作りました。

足し算と引き算の練習

オスカーはチェストとたき火を使って小さなシェルターを作りました。
洞窟の入り口では砂漠の地面を作る砂や砂岩、
なめらかな石が重なり合っているのが見えます。
家に戻って小さな神殿を作ってみたくなったオスカーは、砂岩を手に入れたいと思っています。

1

次の足し算をしましょう。

a)
$$822$$
$$+176$$
_____

b)
$$538$$
$$+255$$
_____

c)
$$6415$$
$$+\ \ 224$$
_____

d)
$$2644$$
$$+4932$$
_____

e)
$$5343$$
$$+2359$$
_____

f)
$$8327$$
$$+1435$$
_____

2

次の引き算をしましょう。

a)
$$413$$
$$-203$$
_____

b)
$$332$$
$$-104$$
_____

c)
$$3616$$
$$-\ \ 404$$
_____

d)
$$5508$$
$$-3226$$
_____

e)
$$2725$$
$$-1803$$
_____

f)
$$9711$$
$$-7607$$
_____

手に入れた数の
エメラルドを色でぬろう！

答えの見積もりとたしかめ算

オスカーは、頭上の砂が崩れないよう気をつけながら砂岩を採集しています。
もし砂の中に埋まってしまったら、息ができなくなって気絶してしまうでしょう。
オスカーは、砂ブロックを支えられるよう、砂岩1個分の層を残すようにしています。

1

左の図は、オスカーが採掘した砂岩、石炭、丸石、鉄鉱石の数を表しています。

それぞれの図で示している数と、近いアイテムの数を線でつなぎましょう。

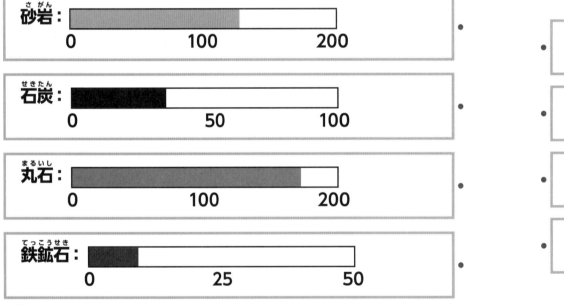

砂岩：
0   100   200

石炭：
0   50   100

丸石：
0   100   200

鉄鉱石：
0   25   50

175個

125個

10個

30個

2

下の「計算式」の答えと、だいたい同じ答えになる式を線でつなぎましょう。

| 3512 + 4894 | 2967 + 7370 | 3459 + 3202 | 2732 + 7998 |

| 3000 + 7400 | 3500 + 3200 | 2700 + 8000 | 3500 + 5000 |

採掘しているオスカーは、穴がダイヤモンドの見つかる深さになるまで
何百個ものブロックを掘り出します。

まず、数を四捨五入して、百の位までのがい数にして、答えを見積もりましょう。
次に、実際に計算をして答えを求めましょう。最後に、たしかめ算をしましょう。

a) 3022＋2536

百の位までの
がい数にして見積もる

.... ＋ .... ＝ ....

```
  3022
＋ 2536
```

たしかめ算

b) 8609−4473

百の位までの
がい数にして見積もる

.... ＋ .... ＝ ....

```
  8609
− 4473
```

たしかめ算

 4

オスカーはいらない石を、
石工の村人と交換することにしました。
花崗岩ブロックが1000個あります。
右は、本1セット、
ポークチョップ1セット、
金のニンジン1セットの値段です。

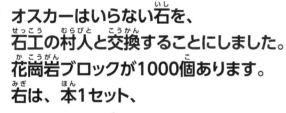 

本
1セット：
花崗岩318個

ポークチョップ
1セット：
花崗岩257個

金のニンジン
1セット：
花崗岩468個

下に書かれているものを交換した場合、花崗岩が足りるかどうか計算して答えましょう。

a) 本3セット ....

b) 本を1セットと、ポークチョップ2セット

....

c) 金のニンジン1セットと本2セット

....

足し算と引き算の問題

オスカーは地上に戻り、近くを探検してみることにしました。
たき火があるので、迷子になることはありません。
しばらく歩いていると、砂漠のピラミッドを見つけました。

1

ピラミッドの抜けている数は、その下の段の2ブロックに書かれている数の合計です。
抜けている数を埋めましょう。

```
              13339
          [      ][      ]
       [   2961   ][      ]
   [ 1743 ][ 1218 ][ 2307 ][ 1021 ]
```

2

ピラミッドを探検し、近くで採掘したオスカーは、
希少な材料をさらに手に入れることができました。

a) オスカーは砂ブロックを4459個持っています。さらに1426個採掘しました。
今は砂ブロックをいくつ持っているでしょう?　　　　　　　　　　[　　　] 個

b) 砂岩を6273個持っています。さらに2495個採掘できました。
砂岩は合計何個になりましたか?　　　　　　　　　　[　　　] 個

3

しばらくしていると、ラバに乗せたチェストがいっぱいになってきました。
オスカーは材料を溶岩に投げこんで壊すことにしました。

a) オスカーは砂ブロックを5672個持っていました。そのうち、3712個を燃やしました。
今は砂ブロックをいくつ持っているでしょう?　　　　　　　　　　[　　　] 個

b) 土ブロックを8756個持っています。そのうち、2328個を燃やしました。
今は土ブロックをいくつ持っているでしょう?　　　　　　　　　　[　　　] 個

オスカーは数日間砂漠で過ごしましたが、まだ誰にも会っていません。
洞窟で石を採掘していると、外から声が聞こえてきました。
オスカーは剣を抜いて洞窟から出ましたが、危険がせまっているわけではありませんでした。
声の主は行商人です。

4

a) 月曜日、行商人は緑の染料を1587個持っていました。

火曜日に372個交換してしまいました。水曜日に、1283個手に入りました。

行商人は今、緑の染料をいくつ持っているでしょうか? ☐ 個

b) 行商人は最初、昆布を7267個持っていました。さらに、1624個手に入りました。

その後、2413個交換してしまいました。

行商人は今、昆布をいくつ持っているでしょうか? ☐ 個

c) 2週間前、行商人はスライムボールを8976個持っていました。

先週、5458個交換してしまいました。今週、さらに1812個交換しました。

行商人は今、スライムボールをいくつ持っているでしょうか? ☐ 個

5

💙 次の☐に当てはまる数を書きましょう。

a)
```
  3 ☐ 7 ☐
+ ☐ 2 ☐ 0
─────────
  7 1 8 2
```

b)
```
  ☐ 0 5 ☐
+ 3 ☐ 0 3
─────────
  7 6 6 1
```

c)
```
  4 ☐ 9 4
- ☐ 8 1 2
─────────
  2 8 8 2
```

d)
```
  4 ☐ ☐ 6
- ☐ 4 5 7
─────────
  3 1 2 9
```

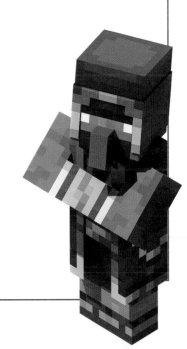

手に入れた数の
エメラルドを色でぬろう!

かけ算とわり算①

オスカーは、行商人がスライムボールをたくさん持っていることに気づきました。
エメラルド8個とスライムボール2個を交換してもらいました。
スライムボールで吸着ピストンを作ったり、動物をつなぐためのリードが作れます。
取引を終えた行商人は、次の行き先に出発する準備ができました。

1

□に当てはまる数を書きましょう。

$9 \times \boxed{} = 72$	$\boxed{} \times 9 = 63$	$9 \times \boxed{} = 81$
$12 \times \boxed{} = 72$	$\boxed{} \times 12 = 132$	$12 \times \boxed{} = 96$
$11 \times \boxed{} = 88$	$\boxed{} \times 11 = 55$	$11 \times \boxed{} = 44$
$7 \times \boxed{} = 49$	$\boxed{} \times 7 = 42$	$7 \times \boxed{} = 77$

2

□に当てはまる数を書きましょう。

$84 \div 7 = \boxed{}$	$56 \div 7 = \boxed{}$	$63 \div 7 = \boxed{}$
$90 \div 9 = \boxed{}$	$36 \div 9 = \boxed{}$	$45 \div 9 = \boxed{}$
$33 \div 11 = \boxed{}$	$66 \div 11 = \boxed{}$	$121 \div 11 = \boxed{}$
$24 \div 12 = \boxed{}$	$72 \div 12 = \boxed{}$	$144 \div 12 = \boxed{}$

オスカーは行商人に別れを告げ、掘っている坑道の奥に戻って石の採掘を再開します。キラキラした宝石や金属があればいいのですが…。

3

ここにいくつかの鉄鉱石があります。a)からc)の□に数を書きましょう。

a) 7個のブロックのまとまりが [　　] 個あります。

b) 8つのブロックが [　　] 段ずつ積んであります。

c) 鉄鉱石は全部で [　　] 個です。

4

石炭が9まとまりあります。1まとまりは7ブロックです。
a)には合計の数を求める式を、b)にはたしかめ算の式を書きましょう。

石炭

a) [　　] × [　　] = [　　]　　　b) [　　] ÷ [　　] = [　　]

かけ算とわり算②

オスカーは、もうダイヤモンドは見つからないと思い始めました。がっかりしながら石を取り除くと、水色のきらめきが見えてきました。やっと見つけました！ オスカーはどんどん掘って、ダイヤモンドをたくさん手に入れました。エメラルドも見つかりました！

1

次の計算をしましょう。

a)　7 × 1 = ⬚　　　0 × 12 = ⬚　　　78 × 1 = ⬚

b)　30 × 3 = ⬚　　　70 × 5 = ⬚　　　40 × 0 = ⬚

2

⬚ に当てはまる数を書きましょう。

a)　160 ÷ ⬚ = 40　　　300 ÷ ⬚ = 50

b)　490 ÷ ⬚ = 70　　　210 ÷ ⬚ = 70

3

次の計算をしましょう。

a)　1 × 9 × 4 = ⬚　　　b)　5 × 2 × 7 = ⬚

c)　6 × 5 × 4 = ⬚　　　d)　11 × 9 × 2 = ⬚

オスカーは採掘を終えました。ラバのチェストにダイヤモンド、エメラルド、鉄、金を詰めこみます。オスカー自身はもうここに戻ることはないでしょう。
ですが、将来ここにやってくる探検家のためにお城の形をした家を作ってあげることにしました。
下の問題を解いて、必要なブロックの数を計算しましょう。

 4

与えられた情報をもとに、それぞれ計算をしましょう。
例：2 × 4 = 8 をヒントにすると、800 ÷ 4 = **200**

a)　5 × 11 = 55 をヒントにすると、550 ÷ 110 = ☐

b)　12 ÷ 3 = 4 をヒントにすると、30 × 4 = ☐

 5

♥ 例のように、下の問題を簡単に計算できるよう
　☐ に数字を書きましょう。

例：13 × 5 = (10 + 3) × 5 = (10 × 5) + (3 × 5) = 50 + 15 = 65

a)　14 × 8 = (☐ + ☐) × ☐ = (☐ × ☐) + (☐ × ☐)

　　　 = ☐ + ☐ = ☐

b)　16 × 5 = (☐ + ☐) × ☐ = (☐ × ☐) + (☐ × ☐)

　　　 = ☐ + ☐ = ☐

 6

♥ 次の計算式の ☐ に当てはまる数を書きましょう。

a)　3 × 8 × ☐ = 48　　　　b)　4 × ☐ × 3 = 60

c)　7 × ☐ × 2 = 42　　　　d)　☐ × 4 × 8 = 64

手に入れた数の
エメラルドを色でぬろう！

約数

約数は、ある数を割り切ことができる数のことです。
例えば、6の約数は：1、2、3、6.

お城のような小屋を作るにあたって、ムダを無くすためにオスカーはできるだけ
余っている材料を使おうと考えています。

1

正しい文章に丸をつけましょう。

　　　9 は 84 の約数である　　　　8 は 36 の約数である　　　　25 は 80 の約数である

　　　　　　14 は 28 の約数である　　　　7 は 56 の約数である

2

ダイヤモンドを使って、数の約数を考えてみましょう。

例：6の約数ペアは次の通りです。

6 × 1 = 6 　　　　2 × 3 = 6

6の約数ペアは：「1と6」、「2と3」です。
よって6の約数は1、2、3、6の4つです。

それでは30の約数ペアを考えてみましょう。1つのペア（1と30）のダイヤモンドの絵は下に
書いておきました。残り3つの約数のペアをダイヤモンドの絵で表し、一番下の文章の ☐ に当
てはまる数を書きましょう。

30の約数は ☐ の ☐ つです。

オスカーの小さなお城は完成に近づいています。

3

お城のブロックに書かれている数の中から、a) b) それぞれの数の約数を選んで丸をつけましょう。

a) 16の約数

b) 34の約数

4

それぞれの数の約数をすべて書きましょう。

a) 15 ....

b) 24 ....

c) 20 ....

5

♥ 12と18の約数を考え、
右のベン図が完成するように、
円の中に数を書きましょう。
※円が重なる部分には、
12と18の公約数を
書きましょう。

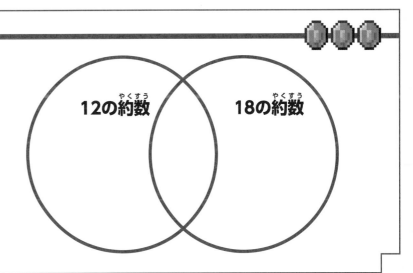

手に入れた数の
エメラルドを色でぬろう！

29

かけ算の筆算

オスカーはお城を仕上げていきます。
砂漠を旅する冒険者が休んでいけるような、安全な場所にするのが目標です。
中央の部屋には、やってくる冒険者たちのための
食べ物や物資が詰まったチェストを置きました。

1

次の計算をしましょう。

a)
$$39 \times 5$$

b)
$$17 \times 4$$

c)
$$57 \times 9$$

d)
$$65 \times 5$$

2

筆算でかけ算をしましょう。

a)　47 × 4

b)　36 × 6

c)　27 × 8

d)　38 × 5

e)　41 × 7

f)　85 × 3

オスカーは砂漠を去る前に、お城に来る人のために看板を書くことにしました。
「ここで休んで。傷をいやして、食事もしてね！」
オスカーはキャンプをたたみ、ラバに乗って家に向かいます。

3

次の計算をしましょう。

a)
```
  211
×   8
─────
```

b)
```
  424
×   3
─────
```

c)
```
  231
×   6
─────
```

d)
```
  307
×   4
─────
```

4

筆算でかけ算をしましょう。

a)　414 × 3

b)　221 × 7

c)　324 × 6

d)　216 × 5

5

 数字が書かれたブロックが
3つあります。

この3つの数字を□にあてはめて、答えが一番
大きくなるかけ算の筆算を考えます。
右の□に当てはまる数を書きましょう。

```
  □ □ 3
×     □
───────
```

手に入れた数の
エメラルドを色でぬろう！

かけ算の問題

砂漠を後にしたオスカーは、ようやく家の明かりが見える所まで帰ってきました。
家に到着すると、ラバから荷物を下ろして片付けることにしました。

1

大きいチェストには鉄ブロックが27個入っています。大きいチェストの値段は、1つにつきエメラルド40個です。

a) 大きいチェスト6つに入っている鉄ブロックはいくつですか?　　　□ 個

b) 大きいチェストを6つ買うにはエメラルドがいくつ必要になりますか?　　　□ 個

c) 大きいチェスト9つに入っている鉄ブロックはいくつですか?　　　□ 個

d) 大きいチェストを9つ買うにはエメラルドがいくつ必要になりますか?　　　□ 個

2

小さいチェストにはダイヤモンドが7個入ります。小さいチェストの値段は、1つにつきエメラルド30個です。

a) オスカーのご近所さんはダイヤモンドを77個持っています。
ご近所さんはダイヤモンドでいっぱいのチェストをいくつ持っていますか?　　　□ 個

b) ダイヤモンドが合計で77個となるように小さいチェストをいくつか買いました。
エメラルドは全部で何個必要ですか?　　　□ 個

c) 別のご近所さんはダイヤモンドを560個集めたいと思っています。
この人の家には小さいチェストがいくつ必要でしょうか?　　　□ 個

d) ダイヤモンドが合計で560個となるように小さいチェストをいくつか買いました。
エメラルドは全部で何個必要ですか?　　　□ 個

3

a) オスカーの家から馬小屋までの距離は28ブロックです。ブロック1個の長さは1mです。
オスカーが家から馬小屋まで3往復したら、
何m移動したことになりますか?　　　□ m

b) オスカーの家から湖までの距離は539ブロックです。
オスカーの家からマヤの家までの距離はこの4倍です。
オスカーの家からマヤの家までの距離はどのくらいでしょうか?　　　□ m

手に入れた数の
エメラルドを色でぬろう!

冒険を終えて…

宝物がたくさん

オスカーは数日間砂漠でがんばったので、たくさんの鉄と、宝石を見つけることができました。オスカーは、いつか採掘した洞窟のそばに小さなお城のようなシェルターを作ろうと思っていました。これから他の冒険者がシェルターを見つけて、使ってくれることを願っています。

やっとお休みだ!

オスカーは外で採掘したり建物を作ったりするのが好きですが、家に帰ってほっとしているようです。乗っていたラバは、あたたかい馬小屋に帰っていきました。旅の荷物を全部片付けて、ケーキを一切れ食べて、自分のベッドで眠るのはいい気分です。

分数と小数

たくさんのヒマワリ

この平原バイオームにはお花がたくさん咲いています。特にヒマワリが目立ちます。背が高く、明るい色の花はあちこちで冒険者をむかえてくれます。ヒマワリは日がのぼっていく時間は東を向きます。ハチがヒマワリからヒマワリへと飛んでいます。花粉を集めて巣に持って帰り、おいしいハチミツを作るのです。巣を見つければ、ハチミツをビンに詰めることもできます。

完璧な平原

冒険者が長く住む家を作るのにぴったりな場所と言えば、平原です。平坦な土地は、建物を作るのにも農業にもぴったりです。川で魚釣りもできますし、自然にできた洞窟があるので採掘もできます。

大きな計画

マヤは、すでに平原に小さな家を持っていますが、もっとスペースが必要になってきました。そこで、もっと部屋が多くて、お庭があって、動物を飼えるスペースも広くて、ポーションを作ったりすることができる別の家を建てようと考えています。

大きさの等しい分数

$\dfrac{1}{2}$ と $\dfrac{2}{4}$ は、大きさの等しい分数です。

マヤは色々なバイオームを旅してきたので、建物の材料は足りています。
新しい家作りの第一歩は、建物の基礎を作ることです。下の問題を解いて、
マヤに材料の量を分数で教えてあげましょう。

1

a)〜c)の下の図に色を塗って、上の図と同じ分数になるようにしましょう。

a) 　　b) 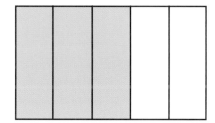　　c)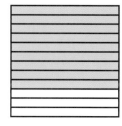

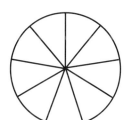　　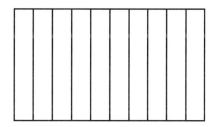　　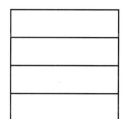

2

次の式が正しくなるように □ に数を書きましょう。

a) $\dfrac{1}{3} = \dfrac{\square}{9}$　　b) $\dfrac{4}{5} = \dfrac{\square}{20}$　　c) $\dfrac{7}{8} = \dfrac{\square}{16}$　　d) $\dfrac{3}{4} = \dfrac{\square}{16}$

3

 $\dfrac{1}{5}$ と等しい分数となるように □ に数を書きましょう。

$$\dfrac{1}{5} = \dfrac{\square}{10} = \dfrac{4}{\square} = \dfrac{\square}{25} = \dfrac{\square}{100}$$

手に入れた数の
エメラルドを色でぬろう！

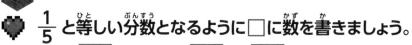

分数の足し算と引き算

分数の足し算や引き算をするときは、図を使うと便利です。
例：

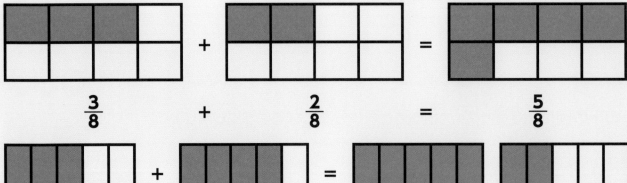

$$\frac{3}{8} \quad + \quad \frac{2}{8} \quad = \quad \frac{5}{8}$$

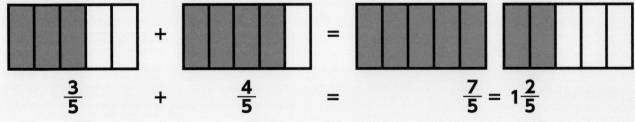

$$\frac{3}{5} \quad + \quad \frac{4}{5} \quad = \quad \frac{7}{5} = 1\frac{2}{5}$$

基礎と床を敷き終わったマヤは、壁と天井に取りかかります。
マヤは壁に木を使おうと思っています。
天井は石で、木の丸太を使って梁を作るつもりです。

1

図に色を塗って $\frac{2}{6} + \frac{3}{6}$ を表しましょう。

 + 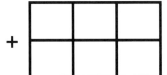 =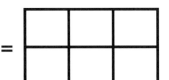

2

分数の足し算をしましょう。

a) $\frac{4}{9} + \frac{2}{9} = \boxed{}$

b) $\frac{2}{12} + \frac{5}{12} = \boxed{}$

c) $\frac{1}{6} + \frac{2}{6} = \boxed{}$

d) $\frac{2}{10} + \frac{7}{10} = \boxed{}$

マヤはネザーで見つけたグロウストーンを部屋の明かりに使います。
分数の問題を解きながら、マヤが新しい家のかざり付けをするのを手伝いましょう。

3

分数の引き算をしましょう。

a) $\dfrac{5}{7} - \dfrac{2}{7} = \boxed{}$

b) $\dfrac{4}{9} - \dfrac{1}{9} = \boxed{}$

c) $\dfrac{5}{8} - \dfrac{2}{8} = \boxed{}$

d) $\dfrac{5}{7} - \dfrac{3}{7} = \boxed{}$

4

図に色を塗って $\dfrac{3}{4} + \dfrac{2}{4}$ を表しましょう。

 +  =

5

分数の計算をしましょう。

a) $\dfrac{3}{8} + \dfrac{6}{8} = \boxed{}$

b) $\dfrac{6}{9} + \dfrac{8}{9} = \boxed{}$

c) $\dfrac{5}{6} + \dfrac{4}{6} = \boxed{}$

d) $\dfrac{2}{6} + \dfrac{5}{6} = \boxed{}$

6

次の計算式が成り立つように、□に分数を書きましょう。

a) $\dfrac{3}{7} + \boxed{} = \dfrac{6}{7}$

b) $\dfrac{4}{12} + \boxed{} = \dfrac{9}{12}$

c) $\dfrac{5}{8} + \boxed{} = \dfrac{11}{8} = 1\dfrac{3}{8}$

d) $\dfrac{10}{13} - \boxed{} = \dfrac{8}{13}$

手に入れた数の
エメラルドを色でぬろう！

割合を考える

マヤは庭にするつもりの場所を柵で囲おうと外に出ました。
分数を使って土地を分け、色んな種類の作物を植えることにしました。

1

右の四角いバーは、64の数量を表しています。

a) このバーに線を引いて、8等分しましょう。

64

b) 64の $\frac{1}{8}$ は 〔　〕　　c) 64の $\frac{3}{8}$ は 〔　〕　　d) 64の $\frac{7}{8}$ は 〔　〕

2

次の文章を読んで、□を埋めましょう。

a) ある数の $\frac{1}{4}$ を求めるには、その数を 〔　〕 でわればよい。

b) 16の $\frac{1}{4}$ は 〔　〕

c) ある数の $\frac{3}{4}$ を求めるには、その数の $\frac{1}{4}$ に 〔　〕 をかければよい。

d) 16の $\frac{3}{4}$ は 〔　〕

3

次の問題を解いて、マヤが植えなければならない作物の数を求めましょう。

a) ジャガイモ60個の $\frac{3}{4}$ は 〔　〕 個

b) ニンジン48個の $\frac{11}{12}$ は 〔　〕 個

c) 小麦の種40個の $\frac{17}{20}$ は 〔　〕 個

d) ビートルートの種81個の $\frac{4}{9}$ は 〔　〕 個

ニンジン

ビートルートの種

マヤは作物を植え、土を潤すための小川も作りました。
外に出たついでに、羊を飼うための納屋を建てることにしました。
マヤはカラフルなウールが好きなので、羊を育てていろいろな色に染める予定です。

4

マヤは納屋を作るための木をたくさん持っています。
a)〜d)それぞれで答えが大きい方の□に○をつけましょう。

a) 樫の木材20個の $\frac{3}{4}$ ☐   樫の木材24個の $\frac{3}{8}$ ☐

b) ジャングルの木材35個の $\frac{4}{5}$ ☐   ジャングルの木材40個の $\frac{3}{5}$ ☐

c) アカシアの木材60個の $\frac{2}{3}$ ☐   アカシアの木材60個の $\frac{3}{4}$ ☐

d) トウヒの木材28個の $\frac{6}{7}$ ☐   トウヒの木材48個の $\frac{7}{12}$ ☐

5

図は、納屋に並べられているすべての木材のうち、7つだけが描かれています。

$\frac{1}{3}$ $\frac{1}{3}$

木材の上の分数を参考に、木材が全部で
いくつあるか、考えてみましょう。 ☐ ブロック

6

♥ □に数字を書いて、式を完成させましょう。

a) 16の $\frac{3}{4}$ は ☐ の $\frac{1}{3}$ b) 40の $\frac{4}{5}$ は ☐ の $\frac{1}{2}$

手に入れた数の
エメラルドを色でぬろう!

$\frac{1}{10}$ の位、$\frac{1}{100}$ の位

マヤは羊が草を食べるためのスペースをたっぷりとっておきたいと思っています。
草が足りないと、羊は刈り取った後の羊毛がなかなか生えてきません。

1

下のグリッドは、それぞれ100ブロック分の土地を表しています。草は緑色のブロックに生えています。
草が生えているブロックを分数で表しましょう。※グリッドとは直角に交わる縦横の直線を等間隔にひいたものです。

a) $\dfrac{}{100}$

b) $\dfrac{}{100}$

c) $\dfrac{}{}$

2

次の数直線をよく見て、a)は □ に当てはまる分数を、b)は小数を書きましょう。

a)

0    $\dfrac{1}{100}$ $\dfrac{2}{100}$ $\dfrac{3}{100}$ $\dfrac{}{}$ $\dfrac{}{}$ $\dfrac{}{}$ $\dfrac{}{}$ $\dfrac{}{}$ $\dfrac{}{}$ $\dfrac{10}{100}$

b)

0.70   0.71   0.72   ☐   ☐   ☐   0.77   ☐   ☐   0.80

3

例を参考にそれぞれの数の位取りの表に
○をかきましょう。

例：0.78

一の位	・小数第一位	小数第二位
	○○○	○○○
	○○○	○○○
	○○○	○○
	○	

a) 0.56

一の位	・小数第一位	小数第二位

b) 0.13

一の位	・小数第一位	小数第二位

c) 0.04

一の位	・小数第一位	小数第二位

マヤは羊を集めなければなりません。
スライムボールと糸で作ったリードを使い、羊を牧場に連れて帰ります。
羊にゲートを通らせて、新しいお家に慣れるのを待ちます。

4

小数を例のように $\frac{1}{10}$ の位と $\frac{1}{100}$ の位に分けましょう。

例：　　　　0.28

0.28

0.2　　　0.08

a) 0.79

b) 0.37

c) 0.62

5

次の数の並びをみて、抜けている数字を □ に書きましょう。

a) 0.34, 0.44, ☐ , ☐ , 0.74

b) 0.87, ☐ , ☐ , 0.84, 0.83

6

☐ に当てはまる小数を書きましょう。

a) 42から $\frac{1}{10}$ ずつ増えていった数。

42, ☐ , ☐ , ☐ , ☐ , …

b) 9から $\frac{1}{100}$ ずつ減っていった数。

9, ☐ , ☐ , ☐ , ☐ , …

手に入れた数の
エメラルドを色でぬろう！

10でわる、100でわる

建物をすべて作り終えたマヤは、次に建物同士を結ぶ道を作ります。
マヤが道を作っている間に、分数と小数の問題を解きましょう。

1

次の説明が正しくなるように □ に数字を書きましょう。

a) 1を [　] でわった時の答えは $\frac{1}{10}$ または0. [　] です。

b) 1を [　] でわった時の答えは $\frac{1}{100}$ または0. [　] です。

2

例を参考に、位取りの表を使ってa)からc)の答えを求めましょう。

例：　84 ÷ 10 = 8.4　　　　32 ÷ 100 = 0.32

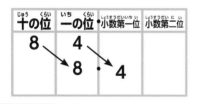 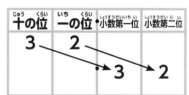

a) 93 ÷ 10 = [　]

十の位	一の位	小数第一位	小数第二位

b) 19 ÷ 100 = [　]

十の位	一の位	小数第一位	小数第二位

c) 7 ÷ 100 = [　]

十の位	一の位	小数第一位	小数第二位

3

□ に当てはまる数を書きましょう。

a) [　] ÷ 10 = 0.6

[　] ÷ 10 = 0.06

b) [　] ÷ 10 = 0.43

[　] ÷ 10 = 4.3

c) [　] ÷ 100 = 0.12

[　] ÷ 100 = 1.2

d) [　] ÷ 100 = 0.04

[　] ÷ 100 = 0.4

家の周りを華やいだ雰囲気にするため、マヤは道や柵沿いに花を植えることにしました。それから、丸太にたいまつを立ててモンスターが家の近くに現れないようにします。せっかく作った家ですから、クリーパーが爆発したら困ります！

4

□に当てはまる数を書きましょう。

a)　83 ÷ □ = 0.83　　　　b)　74 ÷ □ = 7.4

c)　6 ÷ □ = 0.06　　　　d)　47 ÷ □ = 0.47

5

次の式の答えを小数で求めたとき、答えの $\frac{1}{10}$ の位が4になるもの2つに○をつけましょう。

| 45 ÷ 10 | 74 ÷ 10 | 43 ÷ 10 | 45 ÷ 100 | 74 ÷ 100 |

6

❤　一番上のマスを参考に、表の空いているマスに当てはまる答えを書きましょう。

計算式	図	分数	小数
79 ÷ 100		$\frac{79}{100}$	0.79
□ ÷ 100			
□ ÷ 100			0.68
□ ÷ 100		$\frac{4}{100}$	

手に入れた数のエメラルドを色でぬろう！

小数の大きさを比べる

日が暮れ始めてきました。マヤがそろそろ家に入ろうかなと思っていると、
羊の牧草地の近くにゾンビが現れました。
マヤは弓をかまえて、遠くからゾンビに狙いをつけます。

1

マヤの弓から一番大きな小数が
書かれているゾンビまで、
線を引きましょう。
また、一番小さな小数を
持っているゾンビを
○で囲みましょう。

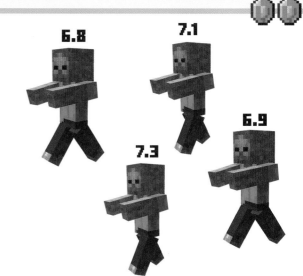

6.8　7.1　6.9　7.3

2

例を参考に、位取りの表に○を
描いて小数を表しましょう。

例：6.37

一の位	・小数第一位	小数第二位
◯◯◯ ◯◯◯	◯ ◯ ◯	◯◯◯ ◯◯◯ ◯

a) 4.56

一の位	・小数第一位	小数第二位

b) 9.98

一の位	・小数第一位	小数第二位

c) 9.1

一の位	・小数第一位	小数第二位

d) 8.65

一の位	・小数第一位	小数第二位

e) 上のa、b、c、dの小数を小さい順にならべましょう。

☐ < ☐ < ☐ < ☐

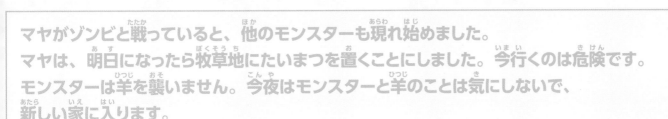

マヤがゾンビと戦っていると、他のモンスターも現れ始めました。
マヤは、明日になったら牧草地にたいまつを置くことにしました。今行くのは危険です。
モンスターは羊を襲いません。今夜はモンスターと羊のことは気にしないで、
新しい家に入ります。

 3

小数をならべましょう。

a) 右の小数を、小さい数から大きい数に並べましょう。　9.04, 4.03, 9.84, 5.24, 4.23

....

b) 右の小数を、大きい数から小さい数に並べましょう。　5.25, 6.67, 6.53, 4.52, 5.67

....

 4

この表にはマヤが植えた花の長さが書かれています。
マヤは、お花3が一番長くて、お花1が一番短いと
言っています。マヤの答えはあっていますか?
あなたの答えを書きましょう。

お花1	24.34 cm
お花2	24.28 cm
お花3	23.84 cm

....

 5

マヤの家にあるカーペット4枚に
数字が書かれています。

a) 下の小数の式が正しくなるように、□にカーペットの数字を書きましょう。
（答えは複数ありますが、ここでは1つでOKです）。

5.☐☐ > 5.☐☐

b) 上のa)で答えた数以外で、あと2つ答えを考えてみましょう。

....

....

**手に入れた数の
エメラルドを色でぬろう!**

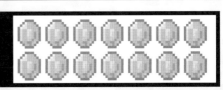

45

分数と小数

マヤの家は2階建てです。それぞれの階には部屋が4つあります。
しかし、物をしまうチェストを置く部屋を作り忘れていました。
マヤは新たに地下室を作ることにします。
地下室を作るには100ブロック掘らなければなりません。

1

下の分数と大きさの等しい小数を線でつなぎましょう。

$\frac{1}{100}$	$\frac{1}{10}$	$\frac{1}{4}$	$\frac{1}{2}$	$\frac{3}{4}$
•	•	•	•	•
•	•	•	•	•
0.5	**0.1**	**0.01**	**0.75**	**0.25**

2

次の分数を小数で表しましょう。

a) $\frac{8}{10} = \boxed{}$ b) $\frac{6}{10} = \boxed{}$ c) $\frac{8}{100} = \boxed{}$

d) $\frac{80}{100} = \boxed{}$ e) $\frac{32}{100} = \boxed{}$ f) $\frac{94}{100} = \boxed{}$

3

数直線があります。a)からd)の矢印で示されている数を分数と小数で書きましょう。

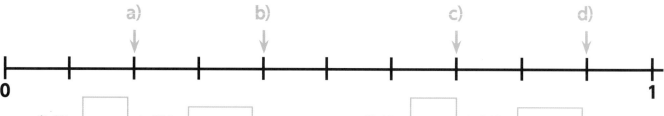

a) 分数：$\boxed{}$ 小数：$\boxed{}$ b) 分数：$\boxed{}$ 小数：$\boxed{}$

c) 分数：$\boxed{}$ 小数：$\boxed{}$ d) 分数：$\boxed{}$ 小数：$\boxed{}$

地下室が完成したら、次はチェストを作らなければなりません。
マヤはそれぞれのチェストに額縁をつけます。
額縁にアイテムをかざれば、中身がわかりやすくなります。
マヤは夜の間、材料や道具などの持ち物を全部整理しました。

4

マヤは休憩することにしました。ハニーボトルを0.3Lだけ飲みます。

マヤは「0.3の分数は $\frac{3}{100}$ だわ」と言っています。

マヤの言っていることは合っていますか？　答えを説明しましょう。

5

数直線があります。a)からd)の矢印で示されている数を分数と小数で書きましょう。

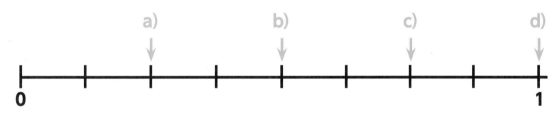

a) 分数： ― 小数： 　　　b) 分数： ― 小数：

c) 分数： ― 小数： 　　　d) 分数： ― 小数：

6

 マヤはチェストに荷物を詰めていますが、まだいっぱいになっていないものもあります。
次の分数を小数で表しましょう。

a) $\frac{2}{4}$ = 　　　　b) $\frac{3}{6}$ =

c) $\frac{3}{12}$ = 　　　　d) $\frac{150}{200}$ =

手に入れた数の
エメラルドを色でぬろう！

小数の四捨五入

がんばったおかげで、地下室にはチェストがずらりと並びました。
中には他のチェストよりも重いチェストがあります。

1

右に小数が4つあります：　8.6　　8.9　　8.1　　8.4

a) それぞれの数を数直線の正しい場所に書きこみましょう。

8 ———————————————————— 9

b) 次の数の $\frac{1}{10}$ の位を四捨五入して整数にしましょう。

8.1 → ☐　　8.4 → ☐　　8.6 → ☐　　8.9 → ☐

2

下に6つのチェストの重さがそれぞれ書いてあります。

14.5 kg　**16.6 kg**　**18.3 kg**　**12.8 kg**　**23.2 kg**　**27.1 kg**

$\frac{1}{10}$ の位を四捨五入すると数が切り上げになるチェストを丸で囲みましょう。

$\frac{1}{10}$ の位を四捨五入すると数が切り捨てになるチェストを四角で囲みましょう。

3

次の数を四捨五入して整数にしましょう。

92.3 → ☐　　45.8 → ☐　　71.5 → ☐　　37.1 → ☐

マヤは寝る前に、あとひと仕事しなければなりません。
それは、今日一日楽しみにしていたことです！ マヤはチェストを開けて、
アイテムを取り出します。必要なものを持ち物に入れて、
前に住んでいた家まで歩いていきます。そして、TNT火薬を置き始めました！

4

マヤは前の家が何個のブロックでできていたか覚えていません。
200、300… もっとかもしれません！

次の数の $\frac{1}{10}$ の位を四捨五入して整数にしましょう。

345.7 → 　　　　388.6 → 　　　　268.3 → 　　　　210.4 →

5

マヤはTNT火薬に火打ち石と打ち金で着火し、安全な場所まで40ブロックほど離れます。

次の数の $\frac{1}{10}$ の位を四捨五入すると40になる数を丸で囲みましょう。

42.8	40.9	39.8	36.8	40.2

ドカン！ TNT火薬が爆発しました。爆発が一度起きると、次のTNT火薬に火がつき、
古い家のブロックはこっぱみじんになりました。

6

爆発は60秒間続きました。次の数を四捨五入しましょう。

a) $\frac{1}{10}$ の位を四捨五入すると60になる、60より小さい数を3つ書きましょう。

b) $\frac{1}{10}$ の位を四捨五入すると60になる、60より大きい数を3つ書きましょう。

手に入れた数の
エメラルドを色でぬろう！

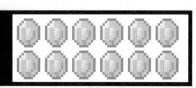

49

分数と小数の問題

採掘している時にTNT火薬を使うのは危険です。掘っている場所に水や溶岩が流れ込んでくるかもしれないからです。TNT火薬は建物を壊すのはちょうどいいアイテムです。さあ、今日はもう寝ましょう。

マヤは昨日3.7キロ歩きました。今日は5.1キロ歩きました。
マヤは、それぞれの距離を四捨五入して整数にしてから、2日間で歩いた距離を計算しました。

四捨五入した距離の合計は約何kmでしょうか？

約 ☐ km

マヤの羊から初めて採れた色つきウールブロックが8個あります。

ウールブロック全体に対する青や赤のブロックの割合を分数や小数で表しましょう。

a) 青 $\dfrac{\Box}{8} = \dfrac{\Box}{4}$ =0.☐

b) 赤 $\dfrac{2}{\Box} = \dfrac{1}{\Box}$ =0.☐

マヤはTNT火薬を36kg持っていました。最初に、TNT火薬全体の $\dfrac{7}{12}$ 使いました。

a) 残ったTNT火薬は何kgですか？　☐ kg

b) つづいてマヤは、36kgの $\dfrac{3}{12}$ を使いました。
マヤが使ったTNT火薬の合計を分数で書きましょう。　$\dfrac{\Box}{\Box}$

c) 残ったTNT火薬は何kgですか？　☐ kg

手に入れた数の
エメラルドを色でぬろう！

冒険を終えて…

新しいものを入れよう

マヤは大きな家を作るための基礎を作りました。そして床を張り、新しい部屋を作っていきました。家の外には、作物を植える農場や納屋、さらに羊の牧草地も作りました。

古いものは捨てて

マヤは大仕事をこなして、充実していました! 古い家は以前の冒険で集めた物でいっぱいになりつつありました。どこもかしこもアイテムとチェストでうまっていました。マヤに必要だったのは、収納スペースが多い、もっと大きな家だったのです。

お家が一番!

建物を作り終えたマヤは、材料や道具などの持ち物を整理します。石でいっぱいのチェスト、木でいっぱいのチェスト、鉱石や宝石でいっぱいのチェストができました。チェストをしまうための地下室を掘り、看板がわりの額縁をつけました。これで持ち物を収納する場所ができました。マヤにとって必要なスペースです。

色々な量

ジャングルの丘

オーバーワールドのジャングルは、木が密集していてとても歩き辛いです。ジャングルの丘は、急な坂や山があるので移動しにくい土地です。しかし、カカオ豆がなる植物はジャングルの木だけです。美味しいスイカも群生しています。

ジャングルは命がいっぱい

ジャングルは色と生命がいっぱいの場所です。色とりどりのオウムは種を食べ、冒険者と一緒に旅をしてくれます。パンダは竹をモグモグ食べます。ヤマネコはめったに出会えませんが、草の中をかけ回っています。

ワナには気をつけて!

モンスターは葉っぱや木の幹を使って身を隠し、ヒーローを驚かそうとします。ジャングルの神殿が隠されていることもあります。ワナにかからなければ、宝物が手に入るかもしれません!

理想は高く

オスカーはジャングルの丘に立ち、辺りを見渡しています。植物や動物を観察し、たくさんの物資を集める予定です。オスカーはペットのラマを連れているので、見つけたものを家まで運んでもらうつもりです。

だいたいどれくらい？

ジャングルの丘は、片側が海に面しています。
オスカーは、木々の間に小さな池がいくつかあるのを見つけました。

1

次のそれぞれの物と容積のがい算を、予想して線でつなぎましょう。

バスタブ	キッチンの流し台	花瓶	小さな池
・	・	・	・

・	・	・	・
300 L	60 L	15000 L	1 L

2

a) ラマの体長に一番近そうなものに○をつけましょう。

2 m   2 mm   200 m   20 km

b) 魚（タラ）の体長に一番近そうなものに○をつけましょう。

50 cm   50 m   5 km   500 cm

3

ジャングルはどちらかというと暖かいバイオームです。

下の温度計の温度はおよそ何℃といえますか。

0   20   40   60 ℃

[   ] ℃

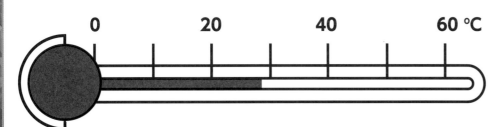

単位を変えると…

| 100 cm = 1 m | 1000 m = 1 km | 1000 mL = 1 L | 1000 g = 1 kg |

オスカーは荒野の家からはるばる旅をして
ジャングルにやってきています。
何km歩いたか、お水を何L飲んだか
すっかり忘れてしまいました。
幸い、オスカーには重たい道具や物資を
運んでくれるラマがいました。
オスカーはラマを木のくいにつないでから、
ジャングルの奥深くに向かいます。

1

□に当てはまる数を書きましょう。

a)　900 cm = ☐ m

b)　2 m = ☐ cm

c)　8000 m = ☐ km

d)　7 km = ☐ m

e)　3000 mL = ☐ L

f)　7 L = ☐ mL

g)　3 kg = ☐ g

h)　4000 g = ☐ kg

2

□に当てはまる数を書きましょう。

a)　360秒 = ☐ 分

b)　10分 = ☐ 秒

c)　3年 = ☐ か月

d)　28日 = ☐ 週間

オスカーが木々の間を歩いていくと、小さな広場にたどり着きました。
すぐ先にはオウムとヤマネコとパンダがいます。
オスカーは竹を切ってパンダに食べさせます。
オウムには草から種をとって食べさせましたが、
ヤマネコは生魚を見せても逃げてしまいました。

3

問題を解きましょう。

a) 3本の折れた枝があります。それぞれの重さは400g、825g、375gです。
3本の重さの合計は何kgでしょうか。

☐ kg

b) 3本の竹があります。それぞれの長さは250cm、125cm、425cmです。
3本の長さの合計は何mでしょうか。

☐ m

c) 4本のつたがあります。それぞれの長さは5m、450cm、320cm、8mです。
これを、短い順にならべましょう。

4

次の☐に当てはまる　<、>、=　を書きましょう。

a) 7 kg ☐ 4000 g

b) 2000 m ☐ 5 km

c) 19 m ☐ 18 km

d) 4000 mL = ☐ 4 L

5

バケツに水が5L入っています。その水を1500mL入る器と、
その器の2倍入る器に入れて、どちらも水でいっぱいにしました。
バケツに残った水の量は何mLでしょうか?

☐ mL

手に入れた数の
エメラルドを色でぬろう!

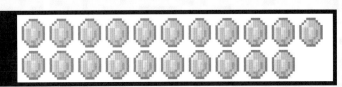

周りの長さ

小さな広場はとても安らかな場所です。
ここでは木々があまり密集していないので、日が差しこんで暖かいです。
オスカーはここで静かに座っていたい気がしますが、
ヤマネコを探しに行きたい気もします。

1

この池の周りの長さは何mでしょうか。

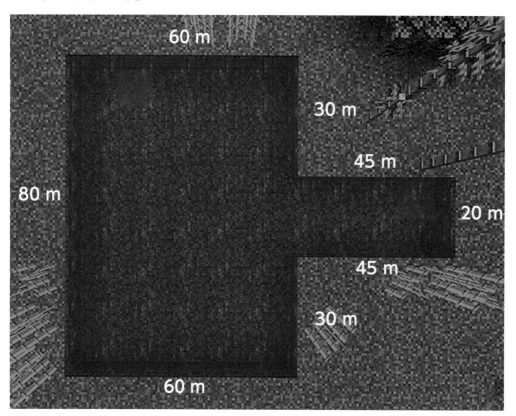

60 m

30 m

45 m

80 m

20 m

45 m

30 m

60 m

m

2

下の図形の辺をすべて定規で測りましょう。
周りの長さは何cmでしょうか。

cm

オスカーは木かげに隠れているヤマネコを見つけました。
オスカーのことをとても警戒しています。
オスカーは生魚を手に、ゆっくりと忍び寄ります。
ヤマネコは魚の匂いをかぐために一歩ずつ近づき、ようやく魚を食べてくれました。

3

右の長方形の周りの長さは38cmです。
この長方形の横の長さは何cmでしょうか?

7 cm

☐ cm

4

右の図の、池の周りの長さは
370mです。
「?」の部分の長さは
何mでしょうか?

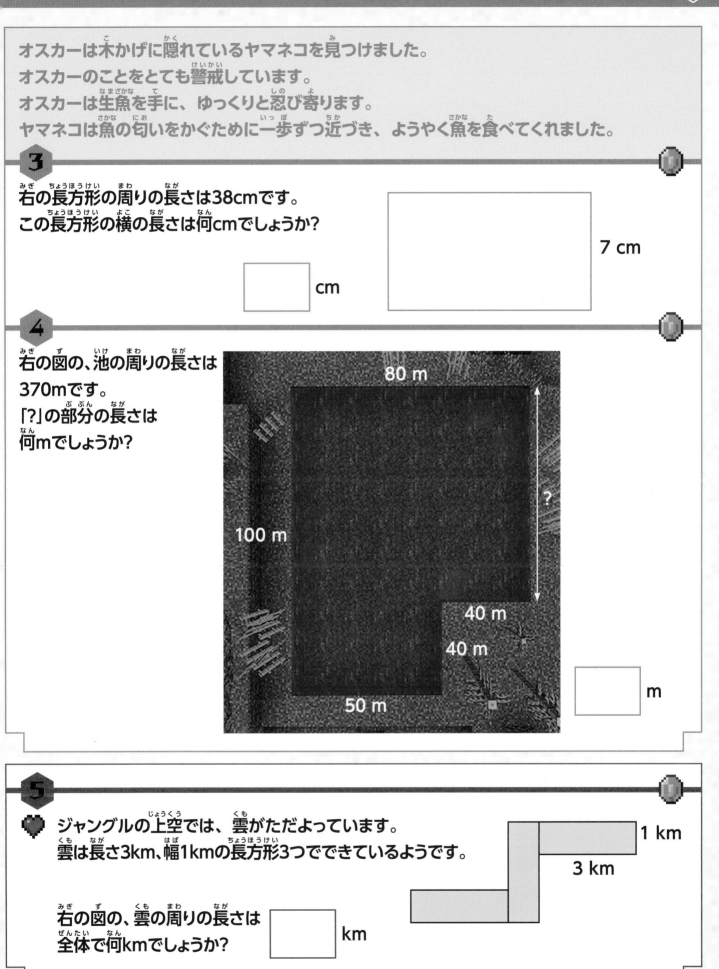

80 m
100 m
?
40 m
40 m
50 m

☐ m

5

ジャングルの上空では、雲がただよっています。
雲は長さ3km、幅1kmの長方形3つでできているようです。

1 km
3 km

右の図の、雲の周りの長さは
全体で何kmでしょうか?

☐ km

手に入れた数の
エメラルドを色でぬろう!

57

面積

オスカーはジャングルの旅を続けます。今度はスイカの群生地を見つけました。
スイカを採ると、細かく切れました。
オスカーはスイカを何切れか食べてHPを回復し、残りは種として持って帰ることにしました。
家の庭に植えるようです。

1

グリッドA、B、C、Dは、スイカ畑を表しています。グリッドの小さな1マスの面積は、1m²です。
緑のマスにはスイカが植えられています。

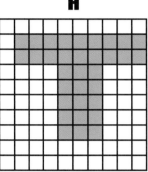
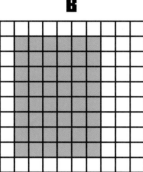
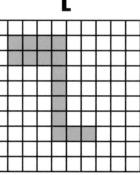
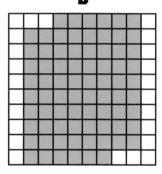

a) それぞれの畑の中で、スイカが植えられている面積は何m²でしょうか。

A = ☐ m²   B = ☐ m²   C = ☐ m²   D = ☐ m²

b) スイカ畑の面積が小さいものから
大きいものの順番で並べA~Dの記号で答えましょう。 ....

2

オスカーは家でスイカを育てたいと思っています。
畑の形を決めるために、右のグリッドを使いましょう。
マスは1m²です。

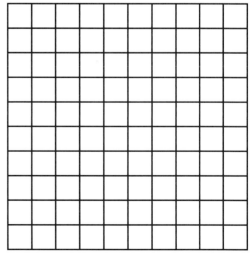

a) オスカーは、10マスの畑を
作りたがっています。
グリッドを使って、10マスの
畑の形を2種類描きましょう。

b) 描いた図形の、一つずつの面積は
何m²でしょうか。

☐ m²

1マス = 1m²

オスカーは家の畑を区分けして、色々な植物を植える予定です。
そのためにはジャングルの材料がたくさん必要です。
ジャングルの木の丸太、つた、葉っぱを集めます。

3

右の図はオスカーの農園の入口に作る、
ジャングルの庭の設計図です。1マス1m²です。

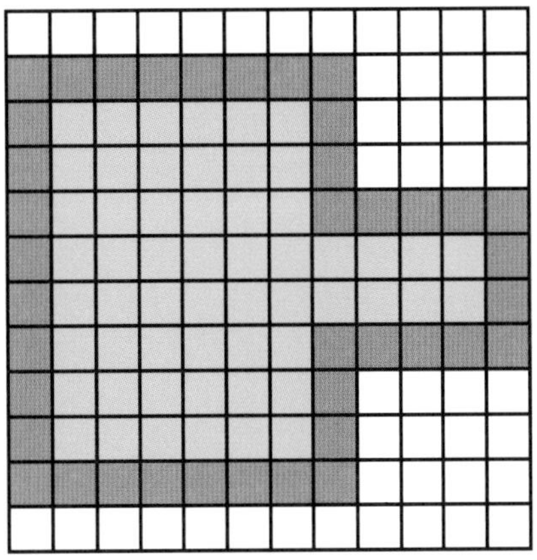

a) 草のエリアの面積は
何m²でしょうか?

☐ m²

b) 1m²の草のエリアを作るには
400円の費用がかかります。
この庭の草地の費用は
いくらになるでしょうか。

☐ 円

草

敷石

c) 敷石の面積の合計は何m²でしょうか?

☐ m²

d) 敷石1m²作るには、1500円の費用がかかります。
この庭の敷石を作る費用はいくらになるでしょうか。

☐ 円

e) この庭の草のエリアと敷石の合計の費用は
いくらになるでしょうか。

☐ 円

4

❤ ここに設計図Aと設計図Bがあります。
オスカーの農園にある放牧場のものです。

A

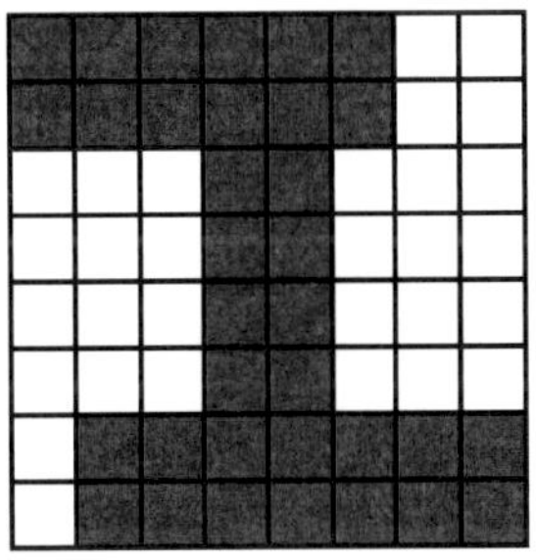

B

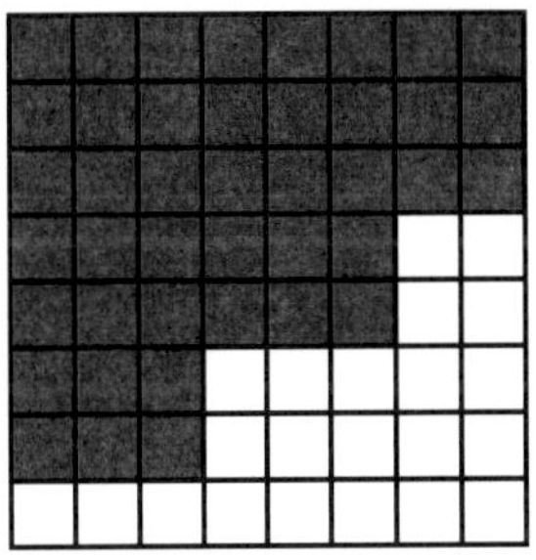

a) 下のマスに、Aより面積が広く、
Bより面積が狭い図形を描きましょう。

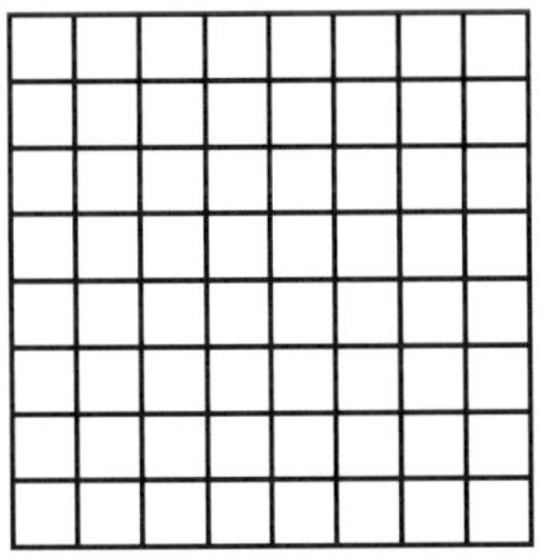

b) Aと面積が同じで、
左右対称な図形を描きましょう。

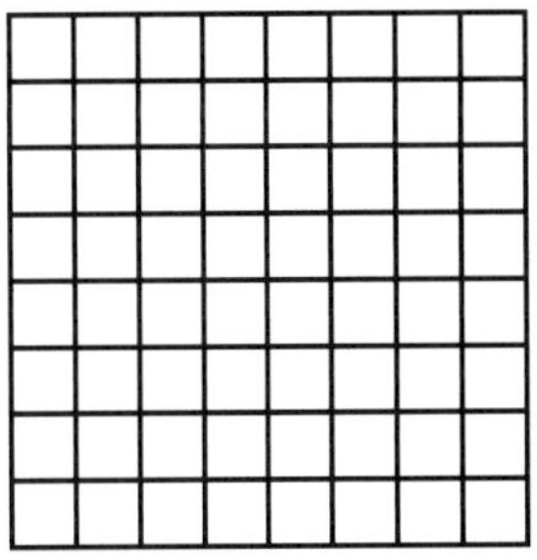

手に入れた数の
エメラルドを色でぬろう!

お金

オスカーの持ち物がいっぱいになってきました。
コンパスで確認しながらラマのいる場所に戻ります。

1

お金はそれぞれ何円でしょうか。

例: 1165円

a) _____円

b) _____円

c) _____円

d) _____円

2

次の金額を小さい額から大きい額に並べましょう。

532円　　　1087円　　　527円　　　1184円　　　789円

オスカーは家に帰って工作や建築を始めたいと思っています。
彼は、「きらめくスイカの薄切り」を作るための「スイカの薄切り」をたくさん持っており、
またカカオ豆の農場を始めるために、ジャングルの丸太も持っています。
カカオ豆が収穫できたら、クッキーを作って売るつもりです。

3

次の □ に当てはまる ＜、＞、＝の記号を書きましょう

a) 100円玉が3枚と
10円玉が12枚　□　100円玉が4枚と
10円玉が1枚

b) 500円玉が7枚と
100円玉が8枚　□　500円玉が6枚と
100円玉が12枚

c) 100円玉が13枚と
10円玉が15枚　□　100円玉が13枚
と50円玉が4枚

d) 50円玉が9枚と
10円玉が13枚　□　100円玉が4枚と
10円玉が18枚

4

❤ 食品市場での食べ物の価格は次の通りです。

スイカ	クッキー	きらめくスイカの薄切り	カカオ豆
325円	230円	480円	165円

a) お客さんがスイカを3個購入し1000円札で支払いました。
お釣りはいくらでしょうか。

□ 円

b) 別のお客さんが、きらめくスイカの薄切りを1つと、
クッキー1つを購入し1000円札で支払いました。
お釣りはいくらでしょうか。

□ 円

c) 最後のお客さんは、きらめくスイカの薄切り3個と、カカオ豆1個を
購入したいと思っています。お客さんは今、1500円持っています。
あといくらお金が必要でしょうか。

□ 円

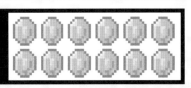

手に入れた数の
エメラルドを色でぬろう！

12時間表示と24時間表示

オスカーは時間を確かめます。ずいぶん遅くなってしまいました。
そろそろ、太陽が山の木の奥に隠れる時間です。
木々の間には早くもモンスターの姿が見えます。
オスカーは少しずつ進みながら、クリーパーに矢を射ったり、ゾンビを剣で攻撃します。

1

時計が指している時間は何時何分でしょうか。

a)

b)

c)

2

次の12時間表示（午前または午後●:●）の時間を24時間表示（■:■）に書き変えましょう。

a) 午前4:35 ....

b) 午後4:28 ....

c) 午前1:37 ....

d) 午後5:17 ....

e) 午前3:52 ....

f) 午後7:26 ....

オスカーはこれ以上ジャングルで過ごしたくないと思っています。
モンスターはどんどん活発になってきていますし、
暗くなると木とスケルトンの見分けがつきません！

3

24時間表示の時間を、午前・午後の表記をつけて12時間表示で表しましょう。

a) 20:08 ....

b) 3:54 ....

c) 23:18 ....

d) 7:52 ....

e) 9:56 ....

f) 17:56 ....

4

今は午後です。時計は今の時間を指しています。

a) 今の時刻は午後4時の何分前でしょうか。

b) 時刻を12時間表示（午後●:●）で書きましょう。 ....

c) 時刻を24時間表示（■:■）で書きましょう。 ....

5

今は午前です。時計は今の時間を指しています。

a) 今の時刻は午前5時の何分前でしょうか。

b) 時刻を12時間表示（午前●:●）で書きましょう。 ....

c) 時刻を24時間表示（■:■）で書きましょう。 ....

手に入れた数の
エメラルドを色でぬろう！

時間の問題

オスカーは全力で走りながら、障害物をすべて避けていきます。
矢が頭のすぐそばを飛び、木の陰から不気味な腕が伸びてきます。
背後からエンダーマンの声が聞こえてきました。やっとの思いでラマの所に
たどりついたオスカーは、リードをつかんで夕暮れに向かって走り始めました。

1

オスカーが家についたのは午後10時15分です。
チェストの荷物を出すのに90分かかりました。

a) 右の時計の絵に針を書いて、荷物を出し終わった時刻を表しましょう。

b) 荷物を出し終わった時刻を12時間表示（午後●:●）で書きましょう。

c) 荷物を出し終わった時刻を24時間表示（■:■）で書きましょう。

2

次の□に当てはまる記号を
<、>、= の中からを書きましょう。

a) 4日 □ 48時間

b) 3週間 □ 25日

c) 2年 □ 700日

d) 50ヶ月 □ 5年

3

その晩、オスカーは近所の家に村人が4人やってきたのを見ました。
時計は、それぞれの村人が到着した時刻を表しています。

村人A
家にいた時間：57分間

村人B
家にいた時間：43分間

村人C
家にいた時間：35分間

村人D
家にいた時間：22分間

最初に家を出ていった村人は誰ですか?

手に入れた数のエメラルドを色でぬろう!

冒険を終えて…

荷物をかかえて丘から家へ

オスカーはチェストを下ろすまで、ジャングルでどれくらいアイテムを集めたか分かりませんでした。丸太や木材、食べ物、つた、葉っぱなど、あらゆるものを持ってきました。オスカーはふわふわのパンダも連れて来られたらよかったな、と思いました。

おやすみ、オスカー

長旅をしたオスカーには休憩が必要です。ミルクを飲んでリンゴを食べると、もう寝る時間です。オスカーは枕に頭を乗せ、畑を作る夢を見始めます。

形
かたち

ネザーの荒れ地

ネザーの荒れ地にはいくつかの特徴があります。木はなく、玄武岩の柱もありません。ピグリンも少ないですが、要塞が見つかることはあります。ゾンビピッグマンは何かを探すかのように荒れ地を歩いていますが、何を探しているかは誰も知りません。

豊富な材料

ダークレッドの暗黒石は、地面にも、壁にも、天井にもあります。ネザーの金を採掘した冒険者は、お金持ちになれるでしょう。建物作りのため、ネザークォーツやグロウストーンを取りに来る人も多いです。

足元に注意!

勇敢な冒険者は、広大なネザーの荒れ地に拠点を作ることもあります。ただし、眠るのは絶対にダメです。ネザーでは、ベッドを使うと爆発するのです!溶岩の池につながっている坂も多いので、足元には気をつけましょう。

ウィザーへの道

マヤはある目的をもってネザーへやってきました。ウィザーの頭を3つ集めたので、ウィザー(3つ頭がある、空を飛ぶボスモンスター)を召喚して戦いたいのです。マヤは戦うためのアリーナを作る材料を持っています。

角度

マヤのアリーナには、隠れる場所と矢を射つための高台が必要です。
まずは、アリーナの形を作り始めます。
色々な角度を比べて、どれが隠れるのにいいかを調べます。

1

これは、マヤが作った角度の一部です。

A　　　　**B**　　　　**C**　　　　**D**　　　　**E**

a) それぞれの角度が鋭角（直角より小さい角）か、鈍角（直角より大きい角）か、
直角かを書きましょう。

A ....　B ....　C ....　D ....　E ....

b) 角度を、小さい順にAからEの記号でならべましょう。　............................

c) 一番小さい角度よりも
小さい角度を下に描きましょう。

d) 一番大きい角度よりも
大きい角度を下に描きましょう。

2

♥ アリーナの形の候補ができました。

a) 図形の中の鋭角に○をつけましょう。

b) 次の□に当てはまる記号を
>、<、= の中から選んで書きましょう。

角度a □ 角度e　　角度e □ 角度f　　角度b □ 角度c

三角形

三角形を作るのは難しいですが、マヤはアリーナに三角形を作ろうとしています。
ウィザーを混乱させるためです。下に隠れられる場所があれば、
ポーションを飲んだり、食べ物を食べて回復することができます。

1

ここにいくつかの三角形があります。

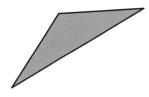   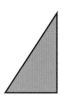

  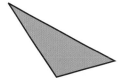

a) 上の三角形の種類を、「正三角形」「二等辺三角形」「どちらでもない」から選んで、
それぞれの ……… に書きましょう。

b) 鈍角のある三角形に○をつけましょう。

c) 直角のある三角形に△をつけましょう。

2

a) 右のグリッドに
直角三角形を
描きましょう。

b) 右のグリッドに
二等辺三角形を
描きましょう。

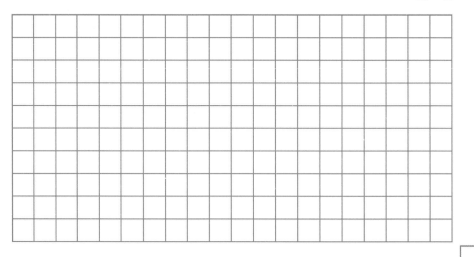

マヤはアリーナの壁を作り始めます。
アリーナの真ん中でウィザーを呼んで、
高台まで走って色々な角度から矢を射つ作戦です。

3

それぞれの文章が、正しい、時々正しい、正しくない、から合っているものを選び
表に○をつけましょう。

内容	正しい	時々正しい	正しくない
三角形には鈍角が1つある。			
三角形には鋭角が1つ以上ある。			
三角形には鋭角が3つある。			
二等辺三角形は同じ長さの辺が2つある。			
三角形の辺の長さはすべて等しい。			

4

 三角形を作るためには、短い辺の合計が長い辺より長くなければなりません。
例えば、辺の長さが1cm、1cm、6cmの三角形は作れません。1cm+1cm=2cmとなり、長い辺の6cmより
短くなるからです。

a) 表に書いてある辺の長さで
三角形を作れるかどうかを考
えましょう。一番右の列に、
作れる場合は「○」、作れ
ない場合は「×」を書きましょ
う。例を参考にしてください。

辺1	辺2	辺3	三角形が作れる
1	1	6	×
1	2	5	
1	3	4	
2	2	4	
2	3	3	

b) 上の表で「○」と答えた形は、
正三角形、二等辺三角形、どちらでもない、のうちどれになりますか?

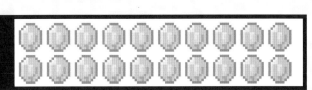

手に入れた数の
エメラルドを色でぬろう!

四角形

ネザーでの建物作りはいつもよりハードです。

モンスターがウロウロしていてイタズラされることが多いからです。

マヤは、特に家の中に火の玉を吐いてくるガストに苦戦させられています。

でも、ウィザーとの戦いに向けてのいい練習かもしれません。

1

次の図形から、四角形を選び、□に○をつけましょう。

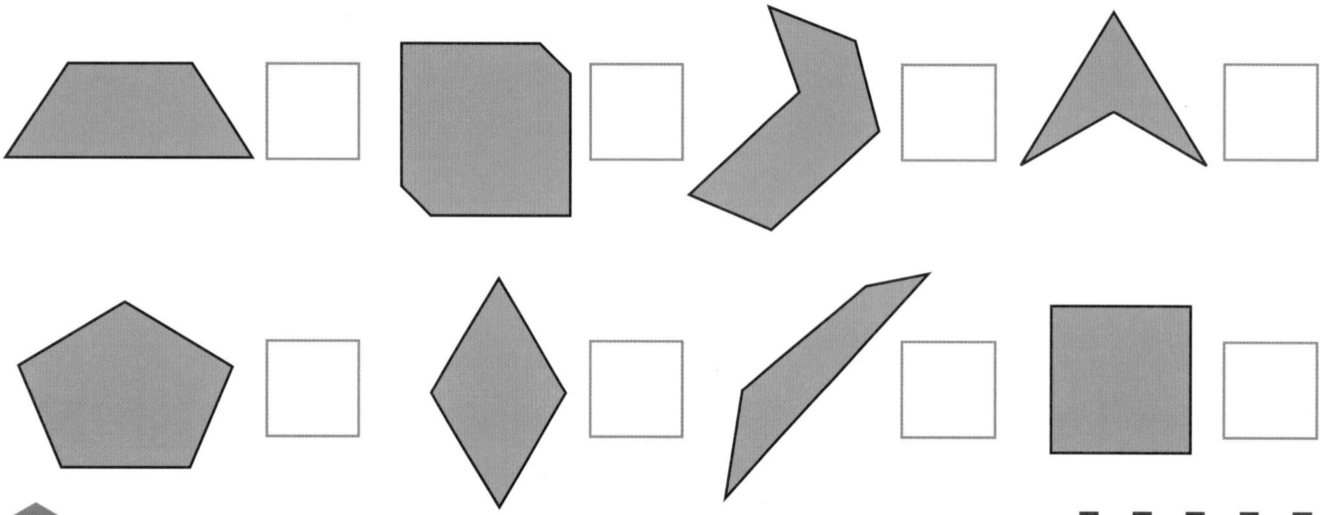

2

四角形の名前と図形を線でつなぎましょう。

正方形 ・	・
台形 ・	・
長方形 ・	・
ひし形 ・	・
平行四辺形 ・	・

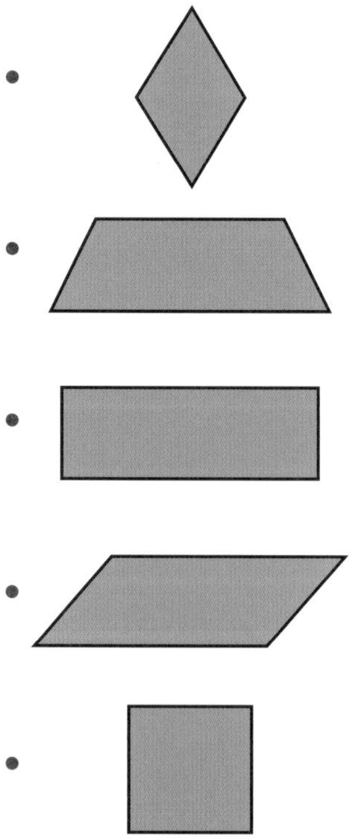

アリーナは完成間近です。戦っているうちに壊れてしまうので、
マヤはあまり建築に時間をかけませんでした。

3

下のグリッドに、平行四辺形、長方形、ひし形、正方形、台形を描きましょう。

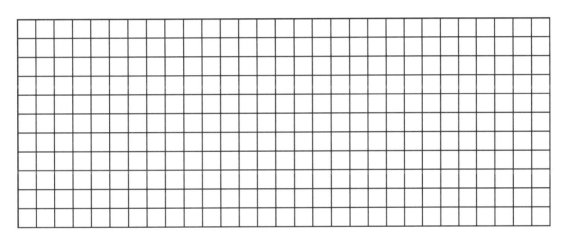

4

平行四辺形、長方形、ひし形、正方形、台形は、それぞれ下の表のどこに当てはまるか
マスに書きましょう。※一つのマスに複数の四角形が当てはまる場合もあります。

4つの辺の長さが等しい	
4つの角の大きさが等しい	
平行な辺が2組ある	
平行な辺が1組だけある	

手に入れた数の
エメラルドを色でぬろう!

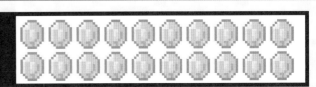

対称の軸

※「対称の軸」は、日本のカリキュラムでは小6で習います。
※1本の直線を折り目にして2つに折ったときに、折り目の両側の形がぴったり
　重なりあう図形のことを線対象な図形といいます。
　その折り目になる直線のことを「対称の軸」といいます。

いよいよウィザーを召喚する時がやってきました。

マヤはアリーナを出て、チェストをネザーポータルの近くに置きます。

チェストの中には、あまった建築用の材料と戦う時に使わないアイテムをしまっておきました。

マヤはアリーナの中央でソウルサンドを「Tの字」に置き、ウィザーの頭を並べます。

最後の頭を置いたら、すぐに走って逃げます！

図形に対称の軸を書きましょう。

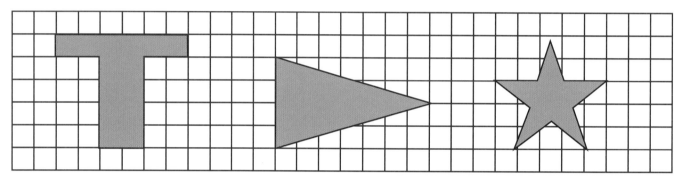

赤い点線は対称の軸です。図形を完成させましょう。

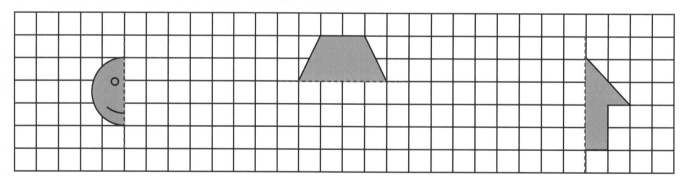

それぞれの図形には対称の軸が何本ありますか。その数を書きましょう

a)

b)

c)

マヤの背後で、ウィザーが目覚めます！
爆発はアリーナをゆらし、マヤは後ろにふき飛びました！
ウィザーは逃げるマヤを見つけ、燃えている頭蓋骨を飛ばし始めました。

下の絵には、ウィザーとウィザーの頭の図が半分だけ描かれています。
赤い点線は対称の軸です。残り半分の図を完成させましょう。

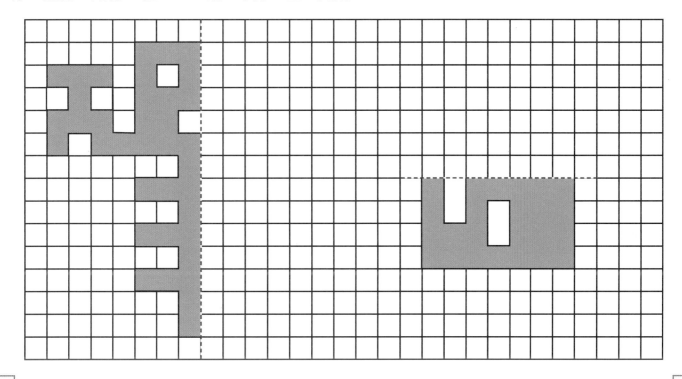

線を3本書いて、対称の軸が1つの五角形を作りましょう。

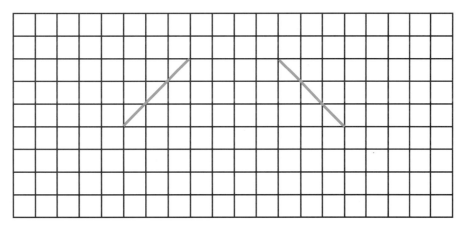

点の位置

ウィザーはアリーナを飛び回っています。
マヤは遠くから矢を放ち、ウィザーが混乱したり止まったりした時には
走り寄ってネザライトの剣で切りつけます。

1

右の図のAからFの点は、
ウィザーのまわりにいるマヤの位置です。
点Aの位置を例のように表すとします。B~Fの点の位置を、
点Aのように表しましょう。

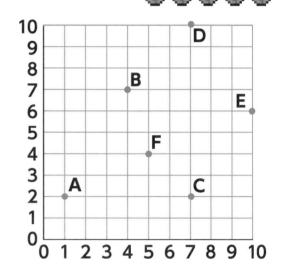

例A(1 , 2)   B(＿＿＿ , ＿＿＿)

C(＿＿＿ , ＿＿＿)   D(＿＿＿ , ＿＿＿)

E(＿＿＿ , ＿＿＿)   F(＿＿＿ , ＿＿＿)

2

ウィザーが放った頭蓋骨は、右のグリッドに書かれた点の位置に落ちました。
点の位置に対応するアルファベットを □ に書いて、
a)とb) 2つの答えを見つけましょう。

a) 頭蓋骨が落ちた場所は?

(6, 3) (1, 1)(10, 10)(1, 1)   (8, 3) (3, 8)

(7, 10) (2, 4)

b) 頭蓋骨は何に使えますか?

(4, 5) (1, 1) (4, 5) (2, 4)(10, 10)(3, 8) (8, 3) (3, 8)   (8, 3)(3, 8)

(4, 1)(1, 1)(1, 6)(8, 5)(3, 8)(7, 10)   (6, 3)(1, 1)   (8, 3)(1, 1)(1, 6)(8, 5)(3, 8)(7, 10)

ウィザーの頭蓋骨がマヤの背中に当たり、マヤの体に衰弱効果がついてしまいました。
まるで毒を受けたような気分でHPが減り始めます。安全な場所で回復しなければなりません。
今度は青い頭蓋骨が飛んできます！
マヤは剣を振り、ウィザーに向かって頭蓋骨を打ち返します！

3

ミルクを飲んで回復したマヤは、ウィザーに打ち返す
ための青い頭蓋骨を見つけなくてはなりません。
頭蓋骨は下に書かれている点の位置にあります。
グリッドの座標に印をつけて、それぞれの
アルファベットを書きましょう。

A (3, 9)   B (4, 0)   C (6, 2)
D (10, 6)   E (1, 5)   F (8, 3)

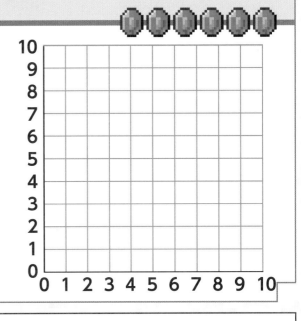

4

下のヒントと右の図を使って、
A、B、C、Dの点の位置を見つけましょう。
横軸の値をX、縦軸の値をYとします。（X、Y）

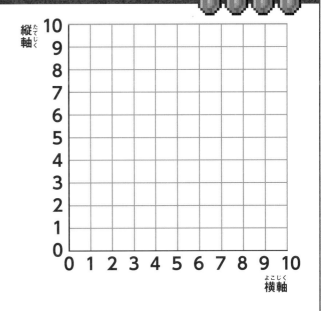

a) XはYの2倍です。
    Yは7より3少ないです。

    A (..........., ...)

b) Xは5から9の間の偶数です。
    Xは8より少ないです。
    XがYの3倍です。

    B (..........., ...)

c) XとYの合計が6です。
    XがYよりも2大きいです。   C (..........., ...)

d) XとYの合計が15です。どっちの数値も3の倍数です。
    Yのほうが大きいです。
    XとYの差は3です。   D (..........., ...)

手に入れた数の
エメラルドを色でぬろう！

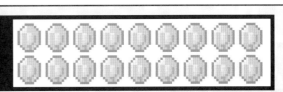

移動と図形

マヤは回復し自信を取り戻しました。青い頭蓋骨は宙を飛び、ウィザーに当たります。
早く近づいて剣で戦いたいところです。
幸いなことに、マヤはアリーナの床のあちこちに暗黒石を置いていたので、
これを壁にして隠れながら進み、ウィザーの不意をつくことにします。

1

右のグリッドの図形AからFは暗黒石ブロックを表しています。下のa)からd)の平行移動を
すると、それぞれのブロックはどこに移動しますか？　A〜Fのアルファベットで答えましょう。

例）　ブロックAが右に3マス、下に1マス移動すると…　　**B**

a)　　ブロックAが左に1マス、下に3マス移動すると…

b)　　ブロックCが右に1マス、下に2マス移動すると…

c)　　ブロックEが左に4マス、下に1マス移動すると…

d)　　ブロックFは右に3マス、上に4マス移動すると…

2

グリッドの図をみて、a)〜c)の移動を言葉で説明してください。

例）　ブロックAからブロックBへの移動　　　　　左に2マス、下に1マス移動

a)　　ブロックFからブロックDへの移動

b)　　ブロックCからブロックEへの移動

c)　　ブロックEからブロックBへの移動

3

グリッド上のある場所にあるブロックを左に3マス、上に2マス移動しました。
このブロックを元の場所に戻すには、どのように移動させればよいでしょうか？　文で表しましょう。

ウィザーが爆発しました。すると突然、ウィザースケルトンが3体現れ、マヤを追い始めます！
マヤは力のポーションを飲みます。急いでウィザースケルトンを倒してから、
剣で何度もウィザーを攻撃します。ウィザーは衰弱しているようです。
マヤは素早い黒い頭蓋骨を避け、遅い青い頭蓋骨を打ち返します。

 4

右のグリッドは、マヤの居場所を表しています。
下のa）からd）の移動をしたとき、
点が移動する位置のアルファベットを書きましょう。

例） 点Aを右に2マス、上に2マス移動。 | **F**

a） 点Cを左に1マス、上に3マス移動

b） 点Eを右に4マス、下に1マス移動

c） 点Bを左に1マス、上に3マス移動

d） 点Hを左に6マス、上に3マス移動

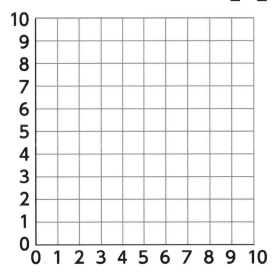

5

ウィザーは衰弱し混乱しています。
動き方もわかりやすくなってきました。

a） 下の点の位置AからDは、
ウィザーがいた場所を表しています。
右のグリッドに
点Aから点Dの印をつけましょう。
次に点と点を直線でつなぎ、図形を作りましょう。
A→B→C→D→Aの順につなぎます。

A (1, 4)　B (2, 6)　C (6, 6)　D (8, 4)

b） グリッドには、どんな図形ができたでしょうか。 ....

マヤは頭蓋骨を打ち返し、ウィザーの背後に回りこみます。
そして剣を高くかかげ、振り下ろすと、ウィザーはその場で回転しながらふらつきます。
マヤがもう一度剣を振り下ろすと、ウィザーは煙と光を吐き出しながら倒れました！

6

ここにグリッドがあります。

a) グリッドに、点A（1、4）、点B（3、6）、点C（8、6）を書きましょう。

b) 点A、点B、点Cは平行四辺形の頂点3つです。グリッドに、平行四辺形の4つ目の頂点を書きこみ、点Dとします。点Dの位置を答えましょう。

(............ , ...)

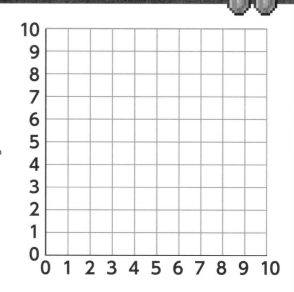

7

マヤは経験値オーブを拾うことができます。

a) 右のグリッドに点Aから点Dを書きこみましょう。

A (2, 3)　B (3, 1)　C (4, 3)　D (3, 5)

次に点と点を直線でつなぎ、図形を作りましょう。
A→B→C→D→Aの順につなぎます。

b) グリッドには、どんな図形ができたでしょうか。

....

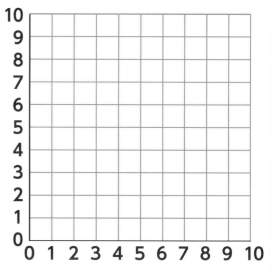

c) 四角形ABCDの頂点をすべて右に3マス、上に2マス移動させてグリッド上に描きましょう。頂点にE、F、G、Hと書きましょう（最初の図形のA、B、C、Dと同じ順番にしましょう）。

d) 移動した点の位置を書きましょう。

E (............ , ...)　F (............ , ...)　G (............ , ...)　H (............ , ...)

手に入れた数の
エメラルドを色でぬろう！

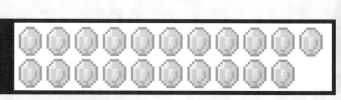

冒険を終えて…

大乱闘

最後の戦いにふさわしいバトルでした！アリーナはすっかり壊れてブロックだらけになってしまいました。アリーナはウィザーを閉じこめたり混乱させたりできる上に、マヤが隠れる場所もたくさんありました。

準備が大事

マヤは何度も危険な目にあいました。なかでも頭蓋骨が当たってHPが減ったのは、恐ろしい経験でした。幸い、衰弱効果を解除するためのミルク入りバケツを持ってたおかげで戦いに勝てました。戦う場所を選び、最高の装備を用意していました。矢やポーションは全部使ってしまい、今はとても疲れていますが、無事に生き延びることができました！

荒野を目指して

荒野は、荒々しくも美しい場所です。砂は濃いオレンジ色で、そこから突き出している丘や山からは絶景が望めます。砂の下にはテラコッタが何層にもなっていて、ダークチョコレートのような茶色からチョークのような白色まで、様々な色のものが見つかります。

建築好きのパラダイス

荒野バイオームは建物の材料を探すのにぴったりの場所です。テラコッタはツルハシで採集できますし、そのまま使えます。遠くから見ると、層ができた荒野の大きな山は宝石のような美しさです。地中深くにはさらに美しいものも眠っています。

ゴールドラッシュ

他のバイオームでは、金を少し見つければラッキーというところでしょう。しかし荒野は違います。ちょっと掘り進むだけでどんどん金が出てくるのです!

お店には何がある?

オスカーは荒野の家の近くに小さなお店を作りました。金がたくさん採れる坑道があり、それをネザーに持ちこんで貴重なアイテムと交換しています。交換したアイテムと、手作りの食べ物をお店に並べて売っているのです。

絵グラフ

オスカーは通りすがりの人たちに色々な食べ物を売っています。
中でも人気なのがケーキです。毎日、数個のケーキが売れます。
丸ごと売れるときもあれば、1切れずつ売れるときもあります。

次のグラフは、オスカーが今週売ったケーキの数を表しています。

月曜日	○ ○ ○ ○
火曜日	○ ○ ○ ○ ○ ◖
水曜日	○ ○ ○ ◖
木曜日	○ ○
金曜日	

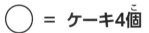

○ = ケーキ4個

a) 円1つで何個のケーキを表していますか?　　　　　　　　　　　　個

b) オスカーは月曜日にケーキを何個売りましたか?　　　　　　　　　個

c) オスカーが火曜日に売ったケーキは月曜日より何個多いですか?　　個

d) 金曜日はケーキが12個売れました。
金曜日の絵グラフには円を何個書けばよいですか?　　　　　　　　個

e) 売れたケーキの数が一番少なかった曜日は?

f) ケーキが12個より多く売れた日は何日ありますか?　　　　　　　日

g) オスカーは月曜日から金曜日までに全部で何個ケーキを売りましたか?　　個

棒グラフ

> オスカーは道具も売っています。
> 荒野に来た人の中には、ツルハシや剣を買いたがる人もいるのです。
> オスカーは道具をエンチャントして、採掘に向かう人に売っています。
> いくつか売れ行きが良いものもあるそうです。

右の棒グラフはオスカーが1週間で売った道具の数を表しています。棒グラフを使って **1** から **5** に答えましょう。

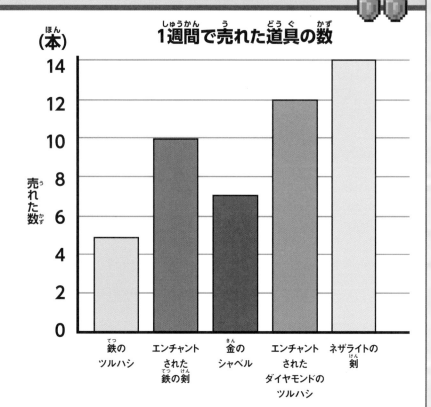

（本）1週間で売れた道具の数

売れた数

鉄のツルハシ / エンチャントされた鉄の剣 / 金のシャベル / エンチャントされたダイヤモンドのツルハシ / ネザライトの剣

a) 縦軸の1目盛りは何本を表していますか。

　　　　　本

b) 鉄のツルハシは1週間に何本売れたでしょうか。

　　　　　本

a) 売れた数が一番多かった道具は何でしょうか？

　　　　　　　　　　　　　

b) 売れた数が一番少なかった道具は何でしょうか？

　　　　　　　　　　　　　

c) 一番売れた道具と、一番売れなかった道具の個数の差は？

　　　　　本

オスカーは毎週末、お店を閉めてから新しい道具を作ります。
道具をクラフトしたら、経験値とラピスラズリを使ってエンチャントします。
オスカーは何度も冒険をしてきたため、どの道具が一番使いやすいかをよく知っています。

3

82ページの棒グラフをもう一度見ましょう。

a)　7本売れた道具は何でしょうか？

b)　9本以上売れた道具はいくつあるでしょうか？

4

82ページの棒グラフの情報を使い、下の表に数字を書いて完成させましょう。

道具	売れた数(本)
 鉄のツルハシ	
 エンチャントされた鉄の剣	
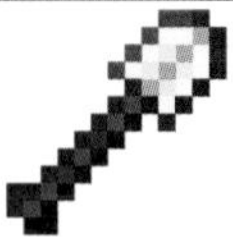 金のシャベル	
 エンチャントされたダイヤモンドのツルハシ	
 ネザライトの剣	

5

オスカーが1週間で売った道具の合計は何本でしょう？ 本

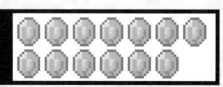

折れ線グラフ

荒野は暖かいバイオームですが、夜は涼しくなります。

オスカーはときどき外の気温を
測ります。
この折れ線グラフは、
ある夜から次の朝までの気温を
測ったものです。

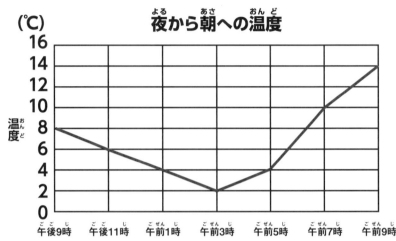

夜から朝への温度

❶

a)　オスカーは何時に気温を測りはじめましたか?

b)　一番低かった気温は何℃でしょうか?

℃

c)　一番低かった気温は何時に測ったものですか?

d)　10℃になったのは何時ですか?

❷

もう一度上の折れ線グラフを見て問題に答えましょう。

a)　一番高い気温と一番低い気温の差は何℃でしょうか?

℃

b)　最初に気温を測ってから気温が2℃になるまで何時間かかりましたか?

時間

c)　i)　上の折れ線グラフを見て、午前0時の気温を予想しましょう。

℃

　　ii)　どのようにして、i) の予想をしたかを説明してください。

オーバーワールドの植物は気温の影響を受けません。
ですが、水を与えると成長が早くなるようです。
荒野は暑くて乾燥しているので、オスカーは農地を潤す小川を作りました。
植物がどのくらい伸びているかも測って、記録しています。

3

 オスカーは6週間にわたって竹の成長を記録しました。

週	1週目	2週目	3週目	4週目	5週目	6週目
高さ (cm)	4	6	10	11	13	16

a) 記録した高さを表す折れ線グラフを下に図に書いて作りましょう。

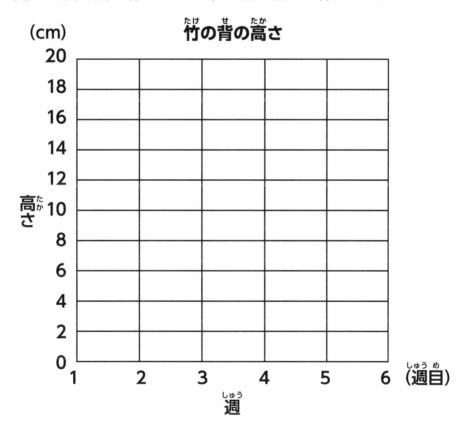

竹の背の高さ

b) 竹が高さ12cmになったのは何週目と何週目の間ですか?

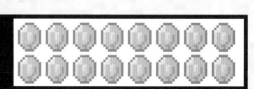

手に入れた数の
エメラルドを色でぬろう!

資料の整理

オスカーのお店にお客さんがやってきました。友達のマヤです！
2人は今まで出会ったモンスターや、一緒に戦ってきた思い出についてお店で話しています。
オスカーは、リストを作っていると言ってマヤを驚かせました。

1

下の表とグラフは、オスカーとマヤが倒したモンスターの数を、
種類ごとに表したものです。

モンスターの種類	倒した数
クモ	800体
ゾンビ	1200体
スケルトン	900体
クリーパー	
溺死ゾンビ	

モンスターの種類	倒した数
クモ	● ● ● ●
ゾンビ	
スケルトン	● ● ● ● ◖
クリーパー	● ● ● ◖
溺死ゾンビ	● ● ● ● ●

● = モンスター ☐ 体

a) グラフの赤丸1つは、何体のモンスターを表していますか？
上の☐に数字を書きましょう。

b) 表の空いているマスに数を書いて完成させましょう。

c) グラフの空いているマスに赤丸を書いて完成させましょう。

2

1の表とグラフを使って答えましょう。

a) 一番多く倒したモンスターは？

b) 倒した数が一番少ないモンスターは？

c) 倒したモンスターの合計数は？  体

d) 倒したクリーパーとゾンビの数の差は？ 体

オスカーとマヤは日が暮れるまでおしゃべりしています。
オスカーは店を閉め、2人はキッチンで晩ごはんを食べることにしました。
オスカーが焼き鳥とベイクドポテトを作る間、2人はまたモンスターについて語り合います。
マヤは火薬を落とすクリーパーを倒すのが好きなようです。
オスカーは矢を落とすスケルトンを倒すのが好きです。

3

💜 86ページの **1** の表とグラフの情報を使って、棒グラフを作ってみましょう。

a) 棒グラフの横軸の①の□と、縦軸の②の□に、当てはまる名前を書きましょう。
また、グラフ全体を示す③の□に棒グラフのタイトルを書き込みましょう。

b) 縦軸の一目盛りの値はいくつにすればよいか右の□に書きましょう。

c) 縦軸の目盛りを表す④の6つの□に、当てはまる数を書きましょう。

d) 横軸の⑤の5つの□に当てはまるモンスターの名前を書きましょう。

e) グラフに棒をかいて、棒グラフを完成させましょう。

②　③

④　0

⑤

①

手に入れた数の
エメラルドを色でぬろう!

データを比べる

そろそろマヤが帰る時間です。
マヤはオスカーに晩ごはんのお礼を言い、ウマに乗って家に帰っていきました。
オスカーは動物たちにエサをあげて、夕日を楽しんでから休みます。

1

右のグラフは、オスカーの農場で暮らしている動物の種類と数を表しています。

a) 一番数が多い動物は何でしょうか?

b) オスカーは羊を何匹飼っているでしょうか?　□ 匹

c) オオカミはブタより何匹多いですか?

□ 匹多い

d) ブタと羊は合わせて何匹いるでしょうか。　□ 匹

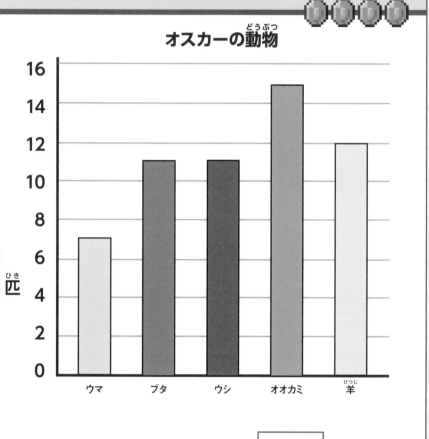

オスカーの動物

2

♥ **1**のグラフのデータについて、□に当てはまる数や動物の名前を書きましょう。

a) オスカーは合計 □ 匹の動物を飼っている。

b) オスカーは □ と □ を同じ数だけ飼っている。

c) □ は飼われている全部の動物の数の $\frac{1}{8}$ だ。

d) オスカーが飼っている □ は □ より8匹多い。

手に入れた数の
エメラルドを色でぬろう!

冒険を終えて…

お店の経営は大成功

オスカーの生活はすっかり変わりました。お店の人気が出たため、今はほとんど探検する時間がありません。お客さんと話したり、素敵なアイテムをクラフトするのを楽しんでいます。それだけではありません。農場や坑道の作業もしています。

新しい思い出作り

オスカーは友達のマヤがやってくるのを心待ちにしています。2人は昔をふり返り、敵のモンスターと戦って勝ったことや、不思議で素敵なバイオーム、見つけたお宝についておしゃべりするのが大好きです。2人は今後、新しい冒険に出るかもしれませんが、それはまた別のお話です。

答え
こた

5ページ

① a) 350　　　　550　　　　[エメラルド1個]
　　b) 75　　　　　125　　　　[エメラルド1個]
　　c) 27　　　　　45　　　　　[エメラルド1個]
　　d) 12　　　　　18　　　　　[エメラルド1個]

② a) 7ずつ増える　b) 6ずつ増える　　[1問正解につき、
　　c) 25ずつ減る　d) 9ずつ減る　　　エメラルド1個]

③ 完成した表（左から右へ）:
　　38、37、57、56　　[1問正解につき、エメラルド1個]

6～7ページ

① a) 6　　b) 4　　c) 3　　[1問正解につき、エメラルド1個]

② a) 一の位　b) 千の位
　　c) 百の位　d) 十の位　　[1問正解につき、エメラルド1個]

③ 一番大きい数:9762　一番小さい数:2679
　　　　　　　　　　　[1問正解につき、エメラルド1個]

④ a) >　b) >　c) <　d) <　[1問正解につき、エメラルド1個]

⑤ 8023　8467　11569　13667　17421　[エメラルド1個]

8～9ページ

① a) 3250　　　　5250　　　　[エメラルド1個]
　　b) 4465　　　　7465　　　　[エメラルド1個]
　　c) 7852　　　　5852　　　　[エメラルド1個]
　　d) 5648　　　　4648　　　　[エメラルド1個]

② a) 5237　　　b) 335
　　c) 3012　　　d) 4066　　[1問正解につき、エメラルド1個]

③ a) 5758　　　b) 9301
　　c) 4437　　　d) 9576　　[1問正解につき、エメラルド1個]

④ 完成した表（上から）:
　　2264　　　　　4264　　[1行正解につき、エメラルド1個]
　　1621　　　　　3621　　[1行正解につき、エメラルド1個]
　　8573　　　　　9573　　[1行正解につき、エメラルド1個]
　　7482　　　　　8482　　[1行正解につき、エメラルド1個]

⑤ a) チェストA: 4537　チェストB: 4587
　　　　チェストC: 6594　チェストD: 5862
　　　　　　　　　　　[1問正解につき、エメラルド1個]
　　b) C　D　B　A　　　　[エメラルド1個]

10～11ページ

① a) 1236　　　　　　　　[エメラルド1個]

　　b)

千の位	百の位	十の位	一の位
1000　1000	100　100　100　100	10　10　10	1　1　1　1　1　1

　　　　　　　　　　　[エメラルド1個]

　　c)

```
        7697
    /   |    |    \
 7000  600  90    7
```

　　　　　　　　　　　[エメラルド1個]

　　d) 4000 ＋ 500 ＋ 70 ＋ 9　[エメラルド1個]

② 数直線の数（左から右へ）:
　　1203　2016　2615　3591　[エメラルド1個]

③ a) 二千三百二十二

b) 四千百九十五　　　[1問正解につき、エメラルド1個]

④ a) 5577　b) 3063　c) 4406　[1問正解につき、エメラルド1個]

⑤ 下記の範囲内なら正解（左側から）:
　　350–450　　　1200–1300
　　1850–1950　　2700–2800　[1問正解につき、エメラルド1個]

12～13ページ

① a) 数直線の数（左から右へ）:
　　209　　214　　242　　288　[エメラルド1個]

　　b)

数	十の位までのがい算	百の位までのがい算
242	240	200
288	290	300
214	210	200
209	210	200

　　　　　　　　　　[1行正解につき、エメラルド1個]

② a) 数直線の数（左から右へ）:
　　6021　6384　6782　6828　[エメラルド1個]

　　b) 次の表のようになっていれば正解:

数	十の位までのがい算	百の位までのがい算	千の位までのがい算
6384	6380	6400	6000
6828	6830	6800	7000
6782	6780	6800	7000
6021	6020	6000	6000

　　　　　　　　[1行正解につき、エメラルド1個]数

③ 4537、4573、4735、4753
　　5347、5374、5437、5473　[1問正解につき、エメラルド1個]

14～15ページ

① □に入る数（左から）: −8　−3　2　7　[エメラルド1個]

② a) −3　b) −2　c) −1　d) −4　[1問正解につき、エメラルド1個]

③ a) −7　b) −2　c) −4　　[1問正解につき、エメラルド1個]

④ □に入る数（左から）: −5　10　25　[エメラルド1個]

⑤ a) −5℃　b) −2℃　c) −8℃　d) −5℃
　　　　　　　　　　[1問正解につき、エメラルド1個]

⑥ −21　　　　　　　　　[エメラルド1個]

16ページ

① a) 55　b) 6　c) 13　d) 152　[1問正解につき、エメラルド1個]

② a) XXXI　b) LIII　c) LXVIII　d) XV
　　　　　　　　　　[1問正解につき、エメラルド1個]

③ a) 207　　b) 18　　c) 173　[1問正解につき、エメラルド1個]

19ページ

① a) 998　b) 793　c) 6639　d) 7576
　　e) 7702　f) 9762　　[1問正解につき、エメラルド1個]

② a) 210　b) 228　c) 3212
　　e) 2282　e) 922　f) 2104　[1問正解につき、エメラルド1個]

20～21ページ

① 次のように線で結んであれば正解:

　　砂岩 – 125個　　　　　[エメラルド1個]
　　石炭 – 30個　　　　　[エメラルド1個]
　　丸石 – 175個　　　　　[エメラルド1個]
　　鉄鉱石 – 10個　　　　[エメラルド1個]

2

3512 + 4894	と	3500 + 5000	[エメラルド1個]
2967 + 7370	と	3000 + 7400	[エメラルド1個]
3459 + 3202	と	3500 + 3200	[エメラルド1個]
2732 + 7998	と	2700 + 8000	[エメラルド1個]

3 a) がい算：3000＋2500＝5500
　　実際の計算：3022＋2536＝5558　[エメラルド1個]
　　たしかめ算：5558−2536＝3022
　　(or 5558−3022＝2536)
　b) がい算：8600−4500＝4100
　　実際の計算：8609−4473＝4136　[エメラルド1個]
　　たしかめ算：4136＋4473＝8609

4 a) 318＋318＋318＝954 なので、花崗岩は足りている
　　　　　　　　　　　　　　　　　[エメラルド1個]
　b) 318＋257＋257＝832 なので、花崗岩は足りている
　　　　　　　　　　　　　　　　　[エメラルド1個]
　c) 468＋318＋318＝1104 なので、花崗岩が足りない
　　　　　　　　　　　　　　　　　[エメラルド1個]

22〜23ページ

1 下2ブロック（左から）：3525　3328
　　上2ブロック（左から）：6486　6853
　　　　　　　　　　[1問正解につき、エメラルド1個]

2 a) 5885個　b) 8768個　[1問正解につき、エメラルド1個]

3 a) 1960個　b) 6428個　[1問正解につき、エメラルド1個]

4 a) 2498個　[エメラルド1個]
　b) 6478個　[エメラルド1個]
　c) 1706個　[エメラルド1個]

5 a) 3⑨7②＋3②1⓪＝7182　b) ④05⑧＋3⑥03＝7661
　c) 4⑥94−①812＝2882　d) 45⑧6−①457＝3129
　　　　　　　　　　[1問正解につき、エメラルド1個]

24〜25ページ

1

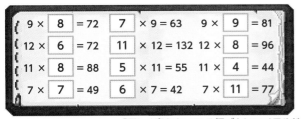

9 × 8 = 72	7 × 9 = 63	9 × 9 = 81
12 × 6 = 72	11 × 12 = 132	12 × 8 = 96
11 × 8 = 88	5 × 11 = 55	11 × 4 = 44
7 × 7 = 49	6 × 7 = 42	7 × 11 = 77

[正しく書かれている行ごとにエメラルド1個]

2

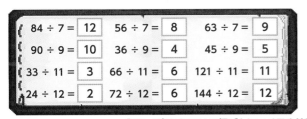

84 ÷ 7 = 12	56 ÷ 7 = 8	63 ÷ 7 = 9
90 ÷ 9 = 10	36 ÷ 9 = 4	45 ÷ 9 = 5
33 ÷ 11 = 3	66 ÷ 11 = 6	121 ÷ 11 = 11
24 ÷ 12 = 2	72 ÷ 12 = 6	144 ÷ 12 = 12

[正しく書かれている行ごとにエメラルド1個]

3 a) 8　[エメラルド1個]
　b) 7　[エメラルド1個]
　c) 56　[エメラルド1個]

4 a) 7×9＝63　[エメラルド1個]
　b) 63÷9＝7　[エメラルド1個]

26〜27ページ

1 a) 左から：7　0　78　[エメラルド1個]

b) 左から：90　350　0　[エメラルド1個]

2 a) 左から：4　6　[エメラルド1個]
　b) 左から：7　3　[エメラルド1個]

3 a) 36　b) 70　c) 120　d) 198　[1問正解につき、エメラルド1個]

4 a) 5　b) 120　[1問正解につき、エメラルド1個]

5 a) (10＋4)×8＝(10×8)＋(4×8)＝80＋32＝112 [エメラルド1個]
　b) (10＋6)×5＝(10×5)＋(6×5)＝50＋30＝80 [エメラルド1個]

6 a) 2　b) 5　c) 3　d) 2　[1問正解につき、エメラルド1個]

28〜29ページ

1 「14は28の約数である」「7は56の約数である」に◯が
ついている　[1問正解につき、エメラルド1個]

2

2×15

3×10　　5×6

30の約数は8つ：1、2、3、5、6、10、15、30 [エメラルド1個]

3 a) ◯：1、2、4、8、16　[エメラルド1個]
　b) 2、17、34に◯がついている　[エメラルド1個]

4 a) 1、3、5、15　[エメラルド1個]
　b) 1、2、3、4、6、8、12、24　[エメラルド1個]
　c) 1、2、4、5、10、20　[エメラルド1個]

5

| 12の約数 | | 18の約数 |
| 4　12 | 1　2　3　6 | 9　18 |

[それぞれエメラルド1個]

30〜31ページ

1 a) 195　b) 68　c) 513　d) 325 [1問正解につき、エメラルド1個]

2 a) 188　b) 216　c) 216
　d) 190　e) 287　f) 255　[1問正解につき、エメラルド1個]

3 a) 1688　b) 1272　c) 1386　d) 1228
　　　　　　　　　　[1問正解につき、エメラルド1個]

4 a) 1242　b) 1547　c) 1944　d) 1080
　　　　　　　　　　[1問正解につき、エメラルド1個]

5 ⑤④3×⑦＝3801　[エメラルド1個]

32ページ

1 a) 162個　b) 240個
　c) 243個　d) 360個
　　　　　　　　　　[1問正解につき、エメラルド1個]

2 a) 11個　b) 330個
　c) 80個　d) 2400個
　　　　　　　　　　[1問正解につき、エメラルド1個]

3 a) 168m　b) 2156m　[1問正解につき、エメラルド1個]

35ページ

1 a) マスが6つ塗られていれば正解　[エメラルド1個]
　b) マスが6つ塗られていれば正解　[エメラルド1個]
　c) マスが3つ塗られていれば正解　[エメラルド1個]

2 a) $\frac{1}{3}=\frac{3}{9}$　b) $\frac{4}{5}=\frac{16}{20}$　c) $\frac{7}{8}=\frac{14}{16}$　d) $\frac{3}{4}=\frac{12}{16}$
　　　　　　　　　　[1問正解につき、エメラルド1個]

3 $\frac{1}{5}=\frac{2}{10}=\frac{4}{20}=\frac{5}{25}=\frac{20}{100}$　[1問正解につき、エメラルド1個]

36〜37ページ

1 マスが2つ塗られている ＋ マスが3つ塗られている ＝ マスが5つ塗られている　[エメラルド1個]

2 a) $\frac{6}{9}$（または $\frac{2}{3}$ ）　b) $\frac{7}{12}$　c) $\frac{3}{6}$（または $\frac{1}{2}$ ）　d) $\frac{9}{10}$
[1問正解につき、エメラルド1個]

3 a) $\frac{3}{7}$　b) $\frac{3}{9}$（または $\frac{1}{3}$ ）　c) $\frac{3}{8}$　d) $\frac{2}{7}$ [1問正解につき、エメラルド1個]

4 マスが3つ塗られている＋マスが2つ塗られている＝マスが4つ塗られており、もう1つの図にも1マス塗られている
[エメラルド1個]

5 a) $\frac{9}{8}$（または $1\frac{1}{8}$ ）　　b) $\frac{14}{9}$（または $1\frac{5}{9}$ ）
c) $\frac{9}{6}$（または $1\frac{3}{6}$ または $1\frac{1}{2}$ ）　d) $\frac{7}{6}$（または $1\frac{1}{6}$ ）
[1問正解につき、エメラルド1個]

6 a) $\frac{3}{7}$　b) $\frac{5}{12}$　c) $\frac{6}{8}$　d) $\frac{2}{13}$　[1問正解につき、エメラルド1個]

38〜39ページ

1 a)

64

b) 8　c) 24　d) 56　[1問正解につき、エメラルド1個]

2 a) 4　b) 4　c) 3　d) 12　[1問正解につき、エメラルド1個]

3 a) 45個　b) 44個
c) 34個　d) 36個
[1問正解につき、エメラルド1個]

4 a) 樫の木材20個の $\frac{3}{4}$ に○　[エメラルド1個]
b) ジャングルの木材35個の $\frac{4}{5}$ に○　[エメラルド1個]
c) アカシアの木材60個の $\frac{3}{4}$ に○　[エメラルド1個]
d) トウヒの木材48個の $\frac{7}{12}$ に○　[エメラルド1個]

5 9ブロック　[エメラルド1個]

6 a) 36　) 64　[1問正解につき、エメラルド1個]

40〜41ページ

1 a) $\frac{57}{100}$　b) $\frac{19}{100}$　c) $\frac{43}{100}$　[1問正解につき、エメラルド1個]

2 a) □に入る数（左から）：
$\frac{4}{100}$　$\frac{5}{100}$　$\frac{6}{100}$　$\frac{7}{100}$　$\frac{8}{100}$　$\frac{9}{100}$　[エメラルド1個]
b) □に入る数（左から）：
0.73　0.74　0.75　0.76　0.78　0.79　[エメラルド1個]

3 a) 　b)
c) [1問正解につき、エメラルド1個]

4 a) 0.79 / 0.7　0.09　b) 0.37 / 0.3　0.07　c) 0.62 / 0.6　0.02
[1問正解につき、エメラルド1個]

5 a) □に入る数（左から）：
0.54　0.64　[エメラルド1個]
b) □に入る数（左から）：
0.86　0.85　[エメラルド1個]

6 a) □に入る数（左から）：
42.1　42.2　42.3　42.4　[エメラルド1個]
b) □に入る数（左から）：
8.99　8.98　8.97　8.96　[エメラルド1個]

42〜43ページ

1 a) 10　0.1　b) 100　0.01　[1問正解につき、エメラルド1個]

2 a) 9.3
b) 0.19
c) 0.07
[エメラルド1個]

3 a) 6　0.6　b) 4.3　43
c) 12　120　d) 4　40　[1問正解につき、エメラルド1個]

4 a) 100　b) 10　c) 100　d) 100　[1問正解につき、エメラルド1個]

5 74÷10　45÷100に○がついている
[1問正解につき、エメラルド1個]

6 表に入る数（上から）：
31÷100　$\frac{31}{100}$　0.31　[エメラルド1個]
68÷100　68マス塗られている　$\frac{68}{100}$　[エメラルド1個]
4÷100　4マス塗られている　0.04　[エメラルド1個]

44〜45ページ

1 一番大きな小数に線が引いてある：7.3　[エメラルド1個]
一番小さな小数に○がついている：6.8　[エメラルド1個]

2 a) b) c) d)
[1問正解につき、エメラルド1個]
e) 4.56 ＜ 8.65 ＜ 9.1 ＜ 9.98　[エメラルド1個]

3 a) 4.03、4.23、5.24、9.04、9.84　[エメラルド1個]
b) 6.67、6.53、5.67、5.25、4.52　[エメラルド1個]

4 マヤは間違っています。　[エメラルド1個]
お花1が一番長くて、お花3が一番短い
[エメラルド1個]

5 a) 小数第一位の数を比べて左の方が大きければ正解。
例:5.53 ＞ 5.07　[エメラルド1個]
b) 小数第一位の数を比べて左の方が大きければ正解。
例:5.37 ＞ 5.05　5.75 ＞ 5.30　[1問正解につき、エメラルド1個]

46〜47ページ

1 線が以下のとおりにつないである：
$\frac{1}{100}$ から0.01、$\frac{1}{10}$ から0.1、$\frac{1}{4}$ から0.25、$\frac{1}{2}$ から0.5、
$\frac{3}{4}$ から0.75　[1問正解につき、エメラルド1個]

2 a) 0.8　b) 0.6　c) 0.08　d) 0.8
e) 0.32　f) 0.94　[1問正解につき、エメラルド1個]

3 a) $\frac{2}{10}$　0.2　b) $\frac{4}{10}$　0.4
c) $\frac{7}{10}$　0.7　d) $\frac{9}{10}$　0.9　[1問正解につき、エメラルド1個]

4 マヤは間違っています。0.3の分数は $\frac{3}{10}$ です。[エメラルド1個]

5 a) $\frac{2}{8}$（または $\frac{1}{4}$ ）　0.25　[エメラルド1個]
b) $\frac{4}{8}$（または $\frac{1}{2}$ ）　0.5　[エメラルド1個]
c) $\frac{6}{8}$（または $\frac{3}{4}$ ）　0.75　[エメラルド1個]
d) $\frac{8}{8}$（または同等の数）　1（または1.0）　[エメラルド1個]

6 a) 0.5　b) 0.5　c) 0.25　d) 0.75 [1問正解につき、エメラルド1個]

48～49ページ

❶ a) □に入る数(左から):
8.1　　8.4　　8.6　　8.9　　[エメラルド1個]
b) 左から:　8　　8　　9　　9　　[エメラルド1個]

❷ 丸で囲むチェスト:
14.5 kg　　16.6 kg　　12.8 kg　　[エメラルド1個]
四角で囲むチェスト:
18.3 kg　　23.2 kg　　27.1 kg　　[エメラルド1個]

❸ 左から:92　　46　　72　　37　　[2問でエメラルド1個]

❹ 左から:346　　389　　268　　210　　[2問でエメラルド1個]

❺ 丸で囲んだ数:39.8　40.2　　[1問正解につき、エメラルド1個]

❻ a) 59.5から59.99までの数3つ(59.5と59.99を含む)
[エメラルド1個]
b) 60.01から60.49までの数3つ(60.01と60.49を含む)
[エメラルド1個]

50ページ

❶ 9 km　　[エメラルド1個]

❷ a) $\frac{6}{8} = \frac{3}{4} = 0.75$　　[エメラルド1個]
b) $\frac{2}{8} = \frac{1}{4} = 0.25$　　[エメラルド1個]

❸ a) 15 kg　b) $\frac{10}{12}$ または $\frac{5}{6}$　c) 6 kg　[1問正解につき、エメラルド1個]

53ページ

❶ 以下のとおりに線がつないである:
バスタブと300 L、キッチンの流し台と60 L、花瓶と1 L、
小さな池と15000 L　　[1問正解につき、エメラルド1個]

❷ a) 2 m　　　b) 50 cm　　[1問正解につき、エメラルド1個]

❸ 27～29℃までのいずれかの温度　　[エメラルド1個]

54～55ページ

❶ a) 9 m　b) 200 cm　c) 8 km　d) 7000 m　e) 3L
f) 7000 mL　g) 3000 g　h) 4 kg
[1問正解につき、エメラルド1個]

❷ a) 6分　　　　b) 600秒
c) 36か月　　　d) 4週間　[1問正解につき、エメラルド1個]

❸ a) 1.6 kg　　b) 8 m　　[1問正解につき、エメラルド1個]
c) 320 cm、450 cm、5 m、8 m　　[エメラルド1個]

❹ a) >　b) <　c) <　d) =　　[1問正解につき、エメラルド1個]

❺ 1500 mL + 3000 mL = 4500 mL、5 L = 5000 mL
[エメラルド1個]
5000 mL − 4500 mL = 500 mL　　[エメラルド1個]

56～57ページ

❶ 370 m　　[エメラルド1個]

❷ 辺の長さが以下のとおりになっている:4 cm、3 cm、
1.5 cm、2 cm、2.5 cm、5 cm　　[エメラルド1個]
周りの長さ:18 cm　　[エメラルド1個]

❸ 12 cm　　[エメラルド1個]

❹ 60 m　　[エメラルド1個]

❺ 20 km　　[エメラルド1個]

58～59ページ

❶ a) A = 33 m²　B = 48 m²　C = 15 m²　D = 76 m²
[1問正解につき、エメラルド1個]
b) C、A、B、D　　[エメラルド1個]

❷ a) 10マスをおおう図形が2つ描かれていれば正解

b) 10 m²　　[エメラルド1個]

❸ a) 56 m²　　[エメラルド1個]
b) 22,400円　　[エメラルド1個]
c) 40 m²　　[エメラルド1個]
d) 60,000円　　[エメラルド1個]
e) 82,400円　　[エメラルド1個]

❹ a) 35～41マスを使った図形が描かれていれば正解
[エメラルド1個]
b) 34マス使った対称な図形が描かれていれば正解
[エメラルド1個]

60～61ページ

❶ a) 321円　　[エメラルド1個]
b) 665円　　[エメラルド1個]
c) 1215円　　[エメラルド1個]
d) 1330円　　[エメラルド1個]

❷ 527円　532円　789円　1087円　1184円　[エメラルド1個]

❸ a) >　b) >　c) <　d) =　　[1問正解につき、エメラルド1個]

❹ a) 25円　b) 290円　c) 105円　[1問正解につき、エメラルド1個]

62～63ページ

❶ a) 2時17分　　[エメラルド1個]
b) 10時38分　　[エメラルド1個]
c) 5時40分　　[エメラルド1個]

❷ a) 4:35　b) 16:28　c) 1:37　d) 17:17
e) 3:52　f) 19:26　　[1問正解につき、エメラルド1個]

❸ a) 午後8:08　b) 午前3:54　c) 午後11:18　d) 午前7:52
e) 午前9:56　f) 午後5:56　[1問正解につき、エメラルド1個]

❹ a) 13分前　　[エメラルド1個]
b) 午後3:47　c) 15:47　[1問正解につき、エメラルド1個]

❺ a) 26分前　　[エメラルド1個]
b) 午前4:34　c) 4:34　　[1問正解につき、エメラルド1個]

64ページ

❶ a) 　　b) 午後11:45　c) 23:45　[エメラルド1個]

❷ a) >　b) <　c) >　d) <　　[1問正解につき、エメラルド1個]

❸ 村人B　　[エメラルド1個]

67ページ

❶ a) A: 鈍角　B: 鋭角　C: 鋭角
D: 鈍角　E: 直角　　[エメラルド1個]
b) B、C、E、A、D　　[エメラルド1個]
c) 角度Bよりも小さい角であれば正解。　　[エメラルド1個]
d) 角度Dよりも大きい角であれば正解。　　[エメラルド1個]

❷ a) 角度aとcに○がついている　　[エメラルド1個]
b) □に入る数(左から):< < >[1問正解につき、エメラルド1個]

68～69ページ

❶ a) 上段左から:二等辺三角形、正三角形、どちらでもない
下段左から:二等辺三角形、どちらでもない、正三角形
[1問正解につき、エメラルド1個]

b) 上段の1つ目の三角形と、2段目の2つ目の三角形に○がついている　[エメラルド1個]

c) 上段3つ目の三角形に△がついている　[エメラルド1個]

② 条件に合った直角および二等辺三角形であれば正解

例:

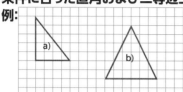

[1問正解につき、エメラルド1個]

③

内容	正しい	時々正しい	正しくない
三角形には鈍角が1つある。		○	
三角形には鋭角が1つ以上ある。	○		
三角形には鋭角が3つある。		○	
二等辺三角形は同じ長さの辺が2つある。	○		
三角形の辺の長さはすべて等しい。		○	

[1問正解につき、エメラルド1個]

④ a)

辺1	辺2	辺3	三角形
1	1	6	×
1	2	5	×
1	3	4	×
2	2	4	×
2	3	3	○

[1問正解につき、エメラルド1個]

b) 二等辺三角形(同じ長さの辺が2つあるため)　[エメラルド1個]

70〜71ページ

① 上段の1つ目と4つ目の図形、下段の2つ目、3つ目、4つ目の図形に○がついている　[1問正解につき、エメラルド1個]

②
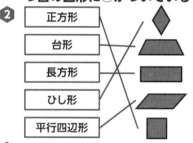

[1問正解につき、エメラルド1個]

③ ふさわしい形なら何でも正解。例:

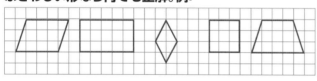

[1問正解につき、エメラルド1個]

④

4つの辺の長さが等しい	正方形、ひし形
4つの角の大きさが等しい	正方形、長方形
平行な辺が2組ある	正方形、長方形、ひし形、平行四辺形
平行な辺が1組だけある	台形

[1行正解につき、エメラルド1個]

72〜73ページ

① 図のように正しく描けていれば正解

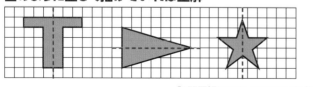

[1問正解につき、エメラルド1個]

② 図のように正しく描けていれば正解

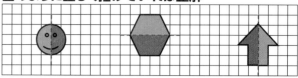

[1問正解につき、エメラルド1個]

③ a) 1　　b) 4　　c) 2　[1問正解につき、エメラルド1個]

④ 図のように正しく描けていれば正解

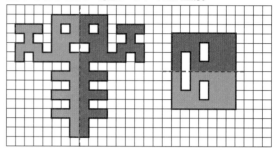

[1問正解につき、エメラルド1個]

⑤ 対象軸が1つの五角形であればすべて正解

例

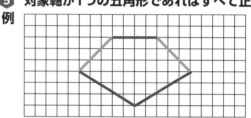

[エメラルド1個]

74〜75ページ

① B(4, 7) C(7, 2) D(7, 10) E(10, 6) F(5, 4)　[1問正解につき、エメラルド1個]

② a) YAMA NO UE(やまのうえ)　[エメラルド1個]

b) TATEMONO NO GAISOU YA NAISOU(たてものののがいそうやないそう)　[エメラルド1個]

③
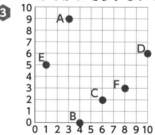

[1問正解につき、エメラルド1個]

④ a) A(8, 4)　　b) B(6, 2)　　c) C(4, 2)

d) D(6, 9)　[点の位置を正しく記入できていればエメラルド1個]

76〜78ページ

① a) C　b) F　c) F　d) B　[1問正解につき、エメラルド1個]

② a) 右に4マス、上に2マス移動

b) 右に2マス、下に1マス移動

c) 左に1マス、上に2マス移動　[1問正解につき、エメラルド1個]

③ 右に3マス、下に2マス移動　[エメラルド1個]

④ a) F　b) B　c) G　d) F　[1問正解につき、エメラルド1個]

⑤ a)
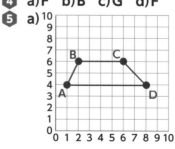

[エメラルド1個]

b)台形 [エメラルド1個]

6 a)
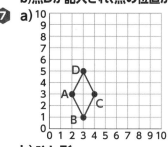

b)点Dが記入され、点の位置が(6, 4)になっている [エメラルド1個]

7 a)
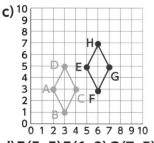

b)ひし形 [エメラルド1個]

c)

d)E(5, 5) F(6, 3) G(7, 5) H(6, 7) [エメラルド1個]

81ページ

1 a)4個 b)16個 c)6個 d)3個
e)木曜日 f)3日 g)72個 [1問正解につき、エメラルド1個]

82〜83ページ

1 a)2本 [エメラルド1個]
b)5本 [エメラルド1個]

2 a)ネザライトの剣 [エメラルド1個]
b)鉄のツルハシ [エメラルド1個]
c)9本 [エメラルド1個]

3 a)金のシャベル b)3 [1問正解につき、エメラルド1個]

4

道具	売れた数 (本)
鉄のツルハシ	5
エンチャントされた鉄の剣	10
金のシャベル	7
エンチャントされたダイヤモンドのツルハシ	12
ネザライトの剣	14

[1問正解につき、エメラルド1個]

5 48本 [エメラルド1個]

84〜85ページ

1 a)午後9時 b)2℃ c)午前3時 d)午前7時
[1問正解につき、エメラルド1個]

2 a)12℃ b)6時間 [1問正解につき、エメラルド1個]
c) i)5℃ [エメラルド1個]
ii)線が午後11時と午前1時の中間の時間で、気温も
4℃と6℃のちょうど中間だから。 [エメラルド1個]

3 a)
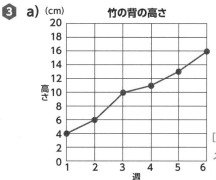

竹の背の高さ

[正しく記入された週につきエメラルド1個。直線で結ばれている点ごとにエメラルド1個]
[エメラルド1個]

b)4週目と5週目の間

86〜87ページ

1 a)200 [エメラルド1個]
b)クリーパー:700体 溺死ゾンビ:1000体 [エメラルド1個]
c)ゾンビのマスに赤丸が6つあれば正解。 [エメラルド1個]

2 a)ゾンビ b)クリーパー
c)4600 d)500 [1問正解につき、エメラルド1個]

3 a)①モンスターの種類 ②倒した数 ③オスカーとマヤ
が倒したモンスター [エメラルド1個]
b)200 [エメラルド1個]
c)縦軸が200ごとに0から1200まで区切られていれば
正解 [エメラルド1個]
d)横軸に以下の内容が記入されている:クモ ゾンビ
スケルトン クリーパー 溺死ゾンビ [エメラルド1個]
e)棒が正確な値を示していれば正解:クモ ゾンビ
スケルトン クリーパー 溺死ゾンビ [エメラルド1個]
棒グラフの例:

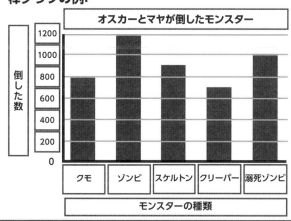

88ページ

1 a)オオカミ [エメラルド1個]
b)12匹 [エメラルド1個]
c)4匹 [エメラルド1個]
d)23匹 [エメラルド1個]

2 a)56匹 [エメラルド1個]
b)ブタとウシ [エメラルド1個]
c)ウマ [エメラルド1個]
d)オオカミ、ウマ [エメラルド1個]

エメラルドを交換しよう！

きみのおかげでオスカーとマヤの冒険は大成功です！
冒険で手に入れたエメラルドを使って、
このページのお店でアイテムと交換しましょう。
きみが冒険に出発するなら、どんなアイテムを持っていきますか？
エメラルドが足りるなら、同じアイテムをいくつか買ってもいいでしょう。
集めたエメラルドの数を■の中に書きましょう。

いらっしゃい。

おめでとう！
よくがんばりましたね。
集めたエメラルドは、
全部使わずに大切に貯める
のもいいですね。
貯金も大事です
からね！

お店の商品

- 生の兎肉10個 ： エメラルド15個
- 生のポークチョップ10個 ： エメラルド12個
- ミルクバケツ3杯分 ： エメラルド8個
- あやしいシチュー2杯 ： エメラルド6個
- 双眼鏡1個 ： エメラルド30個
- ケーキ5個 ： エメラルド24個
- ネザーウォート10個 ： エメラルド16個
- 溶岩バケツ5個 ： エメラルド12個
- 金のニンジン10個 ： エメラルド20個
- カボチャパイ1個 ： エメラルド5個
- ムーシュルーム1個 ： エメラルド25個
- グロウベリー10個 ： エメラルド10個
- コーラスフルーツ20個 ： エメラルド20個
- 金のリンゴ10個 ： エメラルド25個
- エンチャントされた金のリンゴ5個 ： エメラルド40個

※「マインクラフト」のゲーム内で、
アイテムがもらえるということではございませんので、
ご了承ください。